超支化聚合物
在轻工业中的应用

强涛涛　著

科学出版社
北京

内 容 简 介

　　超支化聚合物是由支化基元组成的高度支化但结构不规整的聚合物。本书以超支化聚合物为基点，先介绍相关基础知识，然后详细介绍其在皮革工业、造纸工业、合成革工业、聚氨酯工业及表面活性剂中的应用。本书内容全面，实用性较强。

　　本书可供高等院校皮革、造纸、合成革及非织造等专业的师生参考和学习，也可供相关领域研究人员和技术人员阅读。

图书在版编目(CIP)数据

超支化聚合物在轻工业中的应用/强涛涛著. —北京：科学出版社，2022.1

ISBN 978-7-03-067786-0

Ⅰ. ①超… Ⅱ. ①强… Ⅲ. ①支化-聚合物-应用-轻工业-高等学校-教材 Ⅳ. ①TS03

中国版本图书馆 CIP 数据核字（2021）第 014630 号

责任编辑：杨 丹 / 责任校对：杨 赛
责任印制：张 伟 / 封面设计：迷底书装

科 学 出 版 社 出版
北京东黄城根北街 16 号
邮政编码：100717
http://www.sciencep.com
北京中科印刷有限公司 印刷
科学出版社发行　各地新华书店经销
*
2022 年 1 月第 一 版　开本：720×1000　1/16
2022 年 1 月第一次印刷　印张：10 1/4
字数：205 000
定价：98.00 元
（如有印装质量问题，我社负责调换）

前　言

　　超支化聚合物是一种具有特殊大分子结构的聚合物，因高度支化的三维球状结构，具有溶解性好、黏度低、无链缠结、末端官能团众多和分子内部空穴结构等独特的性质，引起了科研工作者们的广泛关注。目前，超支化聚合物已成为高分子学科的研究热点，广泛应用于农业、医药、功能材料、生命科学、轻工行业等领域。

　　虽然超支化聚合物支化点多，具有丰富的末端官能团，能合成多种功能性材料，但是理论基础涉及无机化学的多个方面，缺少行业针对性。掌握超支化聚合物在轻工行业应用的内在机理，需要掌握相关理论知识，仅通过传统的聚合物知识学习是远远不够的。只有深入了解轻工行业背景，结合轻工专业知识，才能深刻了解超支化聚合物在轻工领域的应用前景，拓展超支化聚合物的使用范围，推进轻工行业有关化药制品的进一步发展。

　　在此背景下，本书详细介绍超支化聚合物在轻工行业中的应用。

　　本书共6章。第1章介绍超支化聚合物的基础知识，包括结构特征、性能、合成方法等；第2章介绍超支化聚合物在皮革工业中的应用，阐述制革加工过程，方便后续对皮革化学品的介绍和理解；第3章介绍超支化聚合物在造纸工业中的应用；第4章介绍超支化聚合物在合成革工业中的应用，重点介绍超支化聚合物在超细纤维合成革后整饰中的应用；第5章介绍超支化聚合物在聚氨酯工业中的应用，包含超支化聚合物对聚氨酯的改性方法；第6章介绍超支化聚合物在表面活性剂中的应用。为了便于读者的理解，在描述化学品的相关章节给出了合成原理及制备流程示意图。

　　作者团队多位学生参与了本书相关课题的研究工作。博士研究生蒲亚东和陈露、硕士研究生宋云颖和尉梦笛等参与了资料的收集、整理工作，陈露还参与了绘图工作，硕士研究生朱润桐对书稿的格式进行了编排。在此一并表示感谢。

　　由于作者水平有限，书中难免有疏漏和不足之处，敬请读者批评指正。

强涛涛

2021年8月

目　　录

第1章 绪 论

树状支化大分子(dendritic macromolecule)是近年来高分子科学领域的研究热点[1]。按照结构特征，树状支化大分子可分为两类：树枝状聚合物(dendrimer)和超支化聚合物[2](hyperbranched polymer, HBP)，见图1-1。

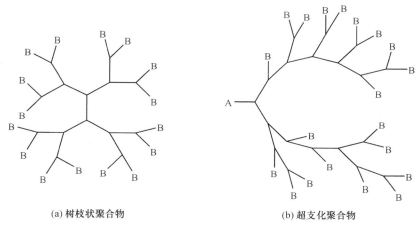

(a) 树枝状聚合物　　　　　　　　　(b) 超支化聚合物

图1-1 树枝状聚合物(a)和超支化聚合物(b)结构示意图[2]

树枝状聚合物因其支化结构的规则性和可控性最先受到关注，通常采用 $AB_x(x \geqslant 2$，A、B为反应性基团)型单体经多步缩聚连续合成制备，每一步合成之后都伴随着分离、提纯等操作，过程复杂且繁琐，成本较高，不利于工业化应用[3-5]。超支化聚合物的反应不需要经过多步合成和纯化，只需一步即可由 AB_x 型单体合成所需的聚合物，从而大大降低了合成的成本。此外，超支化聚合物中存在大量官能团，可以通过对其改性得到不同特性和具有特殊用途的聚合物，在涂料、生物黏合剂、纳米科技、分离膜、药物运载等方面具有应用潜力[6-7]。因此，超支化聚合物是未来高分子材料研究的热点，超支化聚合物的合成相比树枝状聚合物的合成更具多样性和挑战性。

超支化聚合物是一类高度无规的多级支化聚合物，具有三维球状立体结构。早在19世纪末，Kienle等[8]报道了用酒石酸(2,3-二羟基丁二酸，$C_4H_6O_6$)和甘油($C_3H_8O_3$)合成具有支化结构树脂的方法，开启了支化类聚合物的相关研究。之后，人们以双官能团单体和三官能团单体的研究为基础，做了很多实验和计算，但是在 1952 年以前，通过自缩合得到的超支化聚合物，当其聚合度达到某一标准时总是出现凝胶现象。当时还没有超支化聚合物的概念，对其缺乏深入的研究。直到 1952 年，Flory 发现了一种不产生凝胶的、具有高度支化结构的聚合物。该聚合物通过 AB_x(包括 1 个 A 基团和多个 B 基团，$x \geqslant 2$)单体的自缩合反应合成。在此基础上，深入探究了其结构，预测其分子之间无缠结，具有相对较宽的分子量分布且含有大量的端基。这些结论被写进了他的著作 *Polymer Chemistry* 中。

虽然不产生凝胶，但受限于较差的力学性能，超支化聚合物在当时被认为没有研究价值。直到 1990 年，Kim 等[9]用 3,5-二溴苯基硼酸(AB_2 型单体)通过"一步法"制备超支化聚苯。进一步研究发现，这种聚合物分子量分散性较大，在线性链段的形成过程中易出现缺陷，但仍然可以生成具有高度支化结构的树枝状分子。他们把这种聚合物命名为超支化聚合物，并申请了相关专利。此后，随着超支化聚合物独特的结构与性能被不断发现，其在高分子科学领域中的地位终于被确立。

1.1　超支化聚合物的基本概念

超支化聚合物可以简单描述为具有高度支化三维立体构型的聚合物。一般由 AB_x 型单体制备，聚合物分子中存在大量未完全反应的 B 基团。树枝状聚合物结构中只含有末端单元和支化单元，而超支化聚合物除此之外还含有线型单元[10-11]，其结构示意图及三种重复单元如图 1-2 所示。

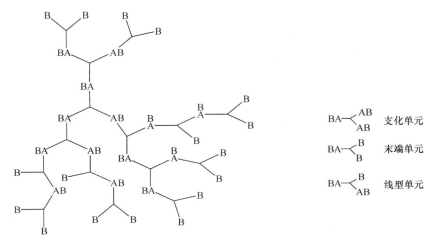

图 1-2　超支化聚合物的结构示意图及三种重复单元[10-11]

超支化聚合物与树枝状聚合物的性能对比见表 1-1。可以看出，虽然树枝状聚合物具有较多优点，但是合成过程复杂，而且合成成本较高，不适合大规模生产，限制了其广泛应用。

表 1-1 超支化聚合物与树枝状聚合物的性能对比

性能指标	超支化聚合物	树枝状聚合物
结晶性能	液体结晶	不结晶
支化度	一般为 0.5～0.6	接近 1
分子量分布	较宽	窄，接近 1
合成方法	"一步法"或"准一步法"	多步重复
溶解性	优于线型聚合物	优于线型聚合物
特性黏度	随分子量的增加而增加，但增加的速度小于结构类似的线型聚合物	随分子量的增大出现极大值
结构	不完全对称	完美球型结构

1.2 超支化聚合物的结构特征

1.2.1 支化度

支化度(degree of branching, DB)由 Fréchet 等[12]提出。支化度反映体系中超支化聚合物的分子结构和由多步合成的完善的树形分子的接近程度，是表征超支化聚合物形状结构的关键参数。

超支化聚合物的支化度定义为体系中完全支化单元的量与末端单元的量的和与单元总量之比，其关系式见式(1-1)。

$$DB = \frac{D+T}{D+T+L} \tag{1-1}$$

式中，D 为完全支化单元的量；T 为末端单元的量；L 为线型单元的量。

当分子量较小时，按式(1-1)计算聚合物的支化度将产生错误，主要原因是末端单元数被高估。为解决此问题，Hölter 等[13]对支化度的定义进行了不包括末端单元数的修正，见式(1-2)。

$$DB = \frac{1}{1+\dfrac{L}{2D}} \tag{1-2}$$

树枝状聚合物的 DB 接近 1，超支化聚合物的 DB 一般小于 1。对于相同化学组成的超支化聚合物，DB 较大者具有较高的溶解性和较低的熔融黏度。

Fréchet 等[12]提出，AB$_2$型单体聚合产物的 DB 约为 0.5。大部分文献中超支化聚合物的 DB 接近 0.5。

通过引入平均支化数(average number of branching, ANB)进一步完善了支化度的定义。通过确认发散自无终端支化点的非线性方向的平均聚合物链数，可以直接评价超支化聚合物的支化密度。AB$_3$型单体聚合物的支化度和平均支化数计算公式分别见式(1-3)和式(1-4)。

$$DB = \frac{2D + sD}{2D + \frac{4}{3}sD + \frac{2}{3}L} \tag{1-3}$$

$$ANB = \frac{2D + sD}{D + sD + L} \tag{1-4}$$

式中，L 为线型单元的量；sD 为半树枝支化单元的量；D 为树枝支化单元的量。

1.2.2　分子量及多分散性

相较传统聚合物，超支化聚合物一般分子量分布较宽，这主要是因为其支化度的变化，其多分散性系数大多大于 1，有的甚至可以达到几十。

由于超支化聚合物的特殊结构,凝胶渗透色谱法(gel permeation chromatography, GPC)或体积排阻色谱法往往不能精确测定超支化聚合物的分子量和分子量分布。通常，测定的分子量比实际值小很多，原因是 GPC 属于相对测量方法，校正标准为一种线型高分子(如聚苯乙烯)，同时超支化分子含有大量端基，有些极性端基可能与柱填充物反应，从而被吸入填充材料的多孔孔隙中破坏填充物。也不能用单一的凝胶渗透色谱法来确定其分子量分布。因此，需要一种合适的手段来表征超支化聚合物[14]。

随着表征手段的进步，可以采用基质辅助激光脱附电离飞行时间质谱测定超支化聚合物的分子量，研究发现，其测定结果与理论结果十分接近，能够较精确地反映超支化聚合物的实际分子量[15]。

1.2.3　几何异构

超支化大分子、树枝状大分子及线型大分子可以通过几何异构现象进行区分。大分子的几何异构与聚合物的溶解性、固态堆积方式等性质息息相关。即使是 DB=1 的超支化聚合物，也存在许多的异构体，如图 1-3 所示。

产生几何异构现象的原因有两个，一是超支化聚合物中单体的随机叠加性，即使指定了分子量和支化度，也会出现大量的几何异构体；二是合成聚合物单体的结构复杂性，随着分子量的增大，单体复杂性越大，其几何异构体也会相应增加。

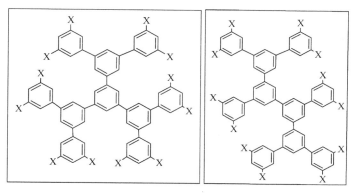

图 1-3 超支化聚苯的异构体[16]

1.3 超支化聚合物的性能

结构决定性能。超支化聚合物特殊的分子结构赋予其特殊的性能。与分子结构相似的线型聚合物相比，超支化聚合物在性能方面呈现出较大差异，主要体现在以下几个方面。

1. 高溶解性

不同于线型聚合物，超支化聚合物具有良好的溶解性。超支化聚合物结构中的大量端基和高度支化结构有利于提高其溶解度。例如，超支化聚苯可溶解在有机溶剂中，而与之结构相似的线型聚合物在有机溶剂中几乎不溶解[17]；另有超支化聚酰胺可溶解于水溶液中，但其线型聚合物在水中的溶解度却很低。

2. 低黏度

超支化聚合物具有典型的胶束性质[18]，结构中存在大量的短支链，同时分子之间无缠绕性，相互作用力小。性能上体现在与分子量相同且化学组成相同的线型聚合物相比较时，超支化聚合物的黏度要低得多。树枝状聚合物、超支化聚合物及线型聚合物的黏度与分子量之间的关系见图 1-4。由图可知，线型聚合物的黏度随分子量的增大而增大，主要原因是分子量超过临界分子量后，分子链间开始缠绕；树枝状聚合物的黏度随分子量的增加先增加后减小，同时，当分子量相对较高时，其黏度远小于线型聚合物，这与它的球型结构有关；超支化聚合物和线型聚合物的黏度-分子量曲线相似，但斜率却低很多，也不存在临界分子量，说明没有链缠绕。

高分子稀溶液的分子量与黏度之间的关系可以用 Mark-Houwok-Sakurada 方程表示，如式(1-5)所示。

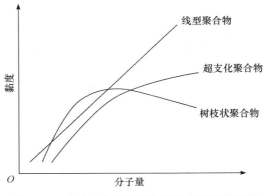

图 1-4　三种聚合物黏度随分子量变化示意图[18]

$$[\mu] = KM^{\alpha} \tag{1-5}$$

式中，$[\mu]$ 为特性黏度；M 为分子量；K 和 α 为常数。α 与分子链的状态有关，对于线型无规聚合物，α 约为 0.7；对于支化聚合物，α 一般小于 0.5；对于超支化聚合物，α 为 0.21～0.44。将超支化聚合物添加到线型聚合物体系中，可以大大降低体系黏度，作为流动改变剂应用。

3. 化学反应活性强

超支化聚合物表面具有密集的反应性官能团，不同结构的官能团决定了超支化聚合物不同的性能；同时，超支化聚合物丰富的端基官能团可以通过改性而具有一定的功能性。这种强化学反应活性进一步推动了超支化聚合物的功能化发展。

4. 其他性质

超支化聚合物的三维椭球状立体构型决定了其无内部链缠绕，从而结晶性能降低，表现出良好的成膜性。例如，合成的热塑性树脂具有良好的气体渗透性、阻水性及耐热性。

玻璃化转变温度也是超支化聚合物最重要的性能参数之一。传统意义上的玻璃化转变温度是指线型聚合物链段开始运动的温度，端基的影响在分子量超过一定值时可以忽略。对于超支化聚合物，Kim 等[19]认为其玻璃化转变温度不是由聚合物链段的运动引起的，而是由分子平动引起的。而且，端基对超支化聚合物玻璃化转变温度的影响很大。这一点可以通过研究端基的极性对玻璃化转变温度的影响来证明。具体地，当端基团的极性增加时，玻璃化转变温度升高。

此外，利用超支化聚合物的结构特征，通过适当的化学或物理手段，可以赋予超支化聚合物一些特殊性能，如吸附及解吸附性能、光物理及光化学性能等。

1.4 超支化聚合物的合成方法

超支化聚合物的合成方法可以根据合成单体的类型分为两大类：一类是单-单体法(single monomorphic method, SMM)，主要利用 AB_x 型单体进行聚合；另一类是双-单体法(double monomorphic method, DMM)，这种方法需要用两种单体或者一对单体对进行聚合，常见的双-单体法主要为 A_2+B_3 型单体聚合。其中，单-单体法是最为常用的聚合方法，其又可以分为 AB_x 型单体缩聚法、自缩合乙烯基聚合(self-condensing vinyl polymerization, SCVP)法、开环聚合(ring opening polymerization, ROP)法等。

1.4.1 单-单体法

单-单体法可以根据反应机理的不同进行分类，具体如下所示。

1. AB_x 型单体缩聚法

最早使用单体缩聚法合成的超支化聚合物主要以 AB_2 型单体为原材料，如图 1-5 所示。随后发展为 AB_x 型单体缩聚合成超支化聚合物，也是目前较为成熟的聚合方法。为了获得高分子量的超支化聚合物，AB_x 型单体必须满足以下 5 个基本条件：

(1) 基团 A 和 B 可通过某种方式活化，如通过催化剂或去除保护基团实现活化；

(2) 经活化的基团 A 和 B 之间可相互反应，但相同的基团间不会发生反应；

(3) 随着反应的进行，基团 A 和 B 的反应活性不会发生变化；

(4) 基团 A 和 B 的反应活性应足够高，并且是专一的，以聚合成高分子量的产物，并抑制副产物的产生；

(5) 分子内不发生环化反应。

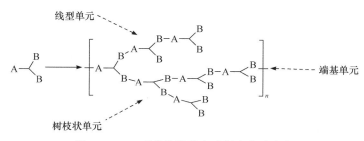

图 1-5　AB_2 型单体缩聚合成超支化聚合物

　　通过这种聚合方法还成功地合成了超支化聚苯、超支化聚醚、超支化聚酯、超支化聚酰胺等。具有代表性的缩聚反应是 Kim 等[19]采用 AB$_2$ 型单体 3,5-二溴苯基硼酸或 3,5-二卤代苯基试剂合成了端基为溴或氯的超支化聚苯。AB$_x$($x \geqslant 2$)型单体缩聚合成超支化聚苯见图 1-6。

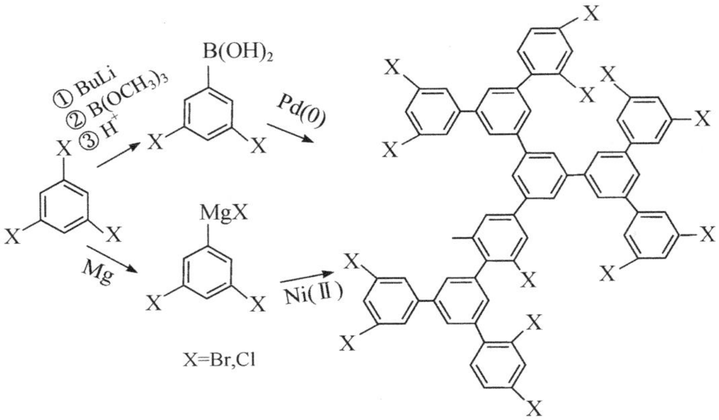

图 1-6　AB$_x$($x \geqslant 2$)型单体缩聚合成超支化聚苯[19]

　　Sinananwanich 等[20]以另一种 AB$_2$ 型单体 1-(3-苯氧丙基哌啶)-4-酮为原料,在甲磺酸(CH$_3$SO$_3$H)条件下成功合成了支化度为 1 的哌啶-4-酮基超支化聚合物,合成路线见图 1-7。

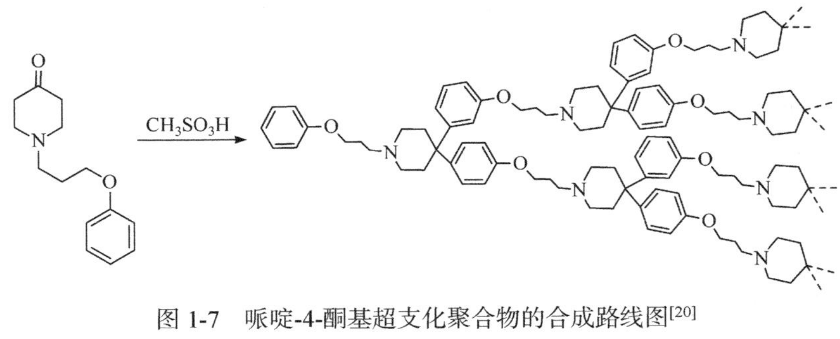

图 1-7　哌啶-4-酮基超支化聚合物的合成路线图[20]

　　虽然使用 AB$_x$ 型单体合成超支化聚合物操作简便,但是所得超支化聚合物的结构不可控,基团分布无序,在合成过程中会形成大量的几何异构体,且其数量随着分子量和单体中活性位点的增加而增多,进一步影响超支化聚合物的性能。此外,还存在以下缺点:

(1) 由于 AB$_x$ 型单体分子内部存在相互作用力,易形成凝胶;

(2) 反应过程中,分子内的环化反应很难避免;

(3) 分子量分布较宽;

（4）AB$_x$型单体的合成对纯度要求较高，在制备过程中，往往需要通过减压蒸馏等方法及时去除缩合反应中生成的小分子，合成成本显著增加。

分子量分布宽会影响超支化聚合物的功能，为了更好地控制分子量和几何构型，人们又提出了加入 B$_y$ 作为核的 AB$_x$+B$_y$ 合成方法，见图 1-8，可以通过控制 B$_y$ 与 AB$_x$ 的比例达到控制聚合物分子量的目的。

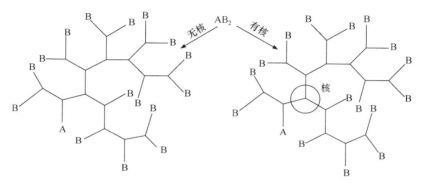

图 1-8　有核和无核时 AB$_2$ 型单体的缩聚反应[20]

2. 自缩合乙烯基聚合法

自缩合乙烯基聚合法由 Fréchet 等[21]提出，其特点是所采用的单体——AB$_x$ 型单体既可以作为引发剂又能提供支化点。其中，A 是含有乙烯基的基团，B 是一类容易被活化的基团。自缩合乙烯基聚合机理见图 1-9。可以看出，反应分两步：

（1）B 基团在外部条件下被活化，产生多个活化自由基，转变为新的反应中心 B*（B*活化的部分可以是自由基、阳离子或阴离子）；

（2）B* 和其他单体分子上的乙烯基反应，形成"引发-单体"型的二聚体，用 AB*表示。

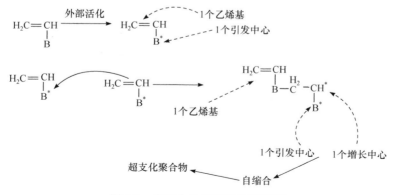

图 1-9　自缩合乙烯基聚合机理[21]

二聚体按上述步骤进一步引发单体聚合，在聚合过程中实现链的引发和增长，如此循环，最终可得到含有很多活性链末端的超支化聚合物。

可见，聚合过程中会不断消耗乙烯基，且具有缩聚反应的特征，故称这种反应为自缩合乙烯基聚合反应。

在 SnCl₄ 和溴化四丁基胺存在的条件下，以 3-(1-氯乙基)苯乙烯为原料，以干燥的二氯甲烷为溶剂，在 −20～−15℃ 条件下进行反应，制备超支化聚苯乙烯，如图 1-10 所示。该体系中路易斯酸和铵盐的混合物是苯乙烯聚合的一个活性/可控体系。

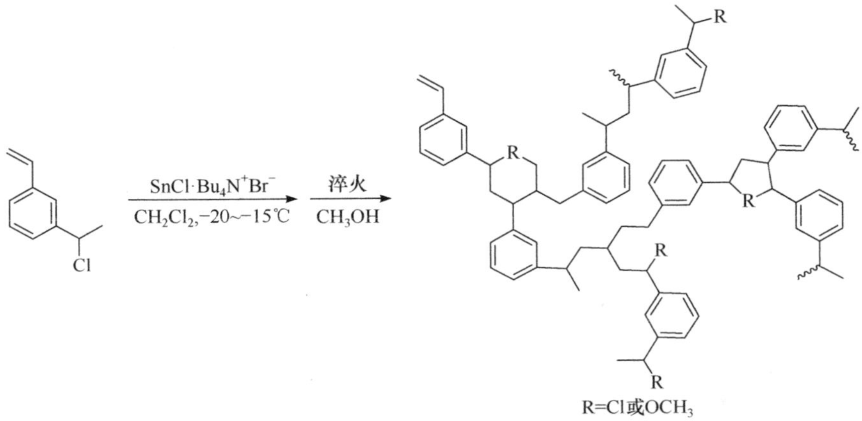

图 1-10　SCVP 法制备超支化聚苯乙烯[21]

理论上，SCVP 法可用于不同类型的乙烯基聚合，如氮氧自由基聚合(nitronyl nitroxide radical polymerization, NMRP)、原子转移自由基聚合(atom transfer radical polymerization, ATRP)、可逆加成−断裂链转移(reversible addition-fragmentation chain transfer polymerization, RAFT)等。

Liu 等[22]采用 SCVP 法结合活性开环聚合和活性/可控自由基聚合合成了可生物降解的超支化聚合物。2013 年，Li 等[23]采用 SCVP 法结合 RAFT 合成了具有环氧端基的超支化聚合物，在 SCVP 法上取得突破性进展。

SCVP 法的主要突破在于将乙烯基单体纳入了合成超支化聚合物的单体范围，同时，通过乙烯基与活性基团激发点的特殊作用得到分子量更大的聚合物。但是缺点是反应过程中容易凝胶化，单体转化聚合物的产率很低，聚合物分子量分布较宽，而且不能从核磁共振谱图上直接得出支化度。

3. 开环聚合法

Suzuki 等[24]提出的利用环状氨基甲酸酯在钯催化下通过开环聚合法合成超

支化聚胺是较早有关开环聚合法的报道，这种方法是在自缩合乙烯基聚合法的基础上发展起来的，又称为"自缩合开环聚合法"。与自缩合乙烯基聚合法不同的是，开环聚合法所用单体多为侧基上含有羟基的氧杂环类化合物。这种单体为隐 AB 型单体，当该单体与路易斯酸或碱反应时，杂环上的氧开环，形成 AB_2 型单体，接着 AB_2 型单体形成 AB_x 型低聚体，最后得到无规超支化聚合物。

开环聚合法合成超支化聚合物所用的单体(图 1-11)是杂环化合物，如环氧乙烷类、ε-己内酯类、四氢呋喃类等，目前利用开环聚合法可以合成超支化聚酰胺、聚醚、聚酯。

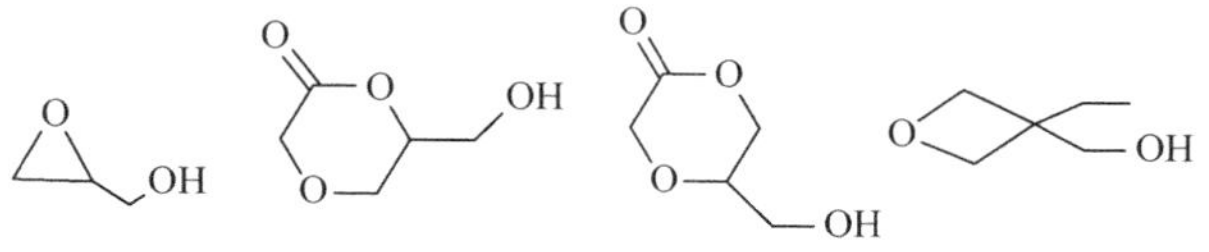

图 1-11 开环聚合法合成超支化聚合物所用单体[24]

Hölter 等[13]以缩水甘油为单体，通过阴离子开环聚合得到含有端羟基的超支化脂肪族聚醚(图 1-12)是开环聚合物的典型代表。进行开环聚合时加入的多羟基醇类中心核起到与缩聚相似的作用，可明显提高聚合物的支化度，并降低分子量分布。

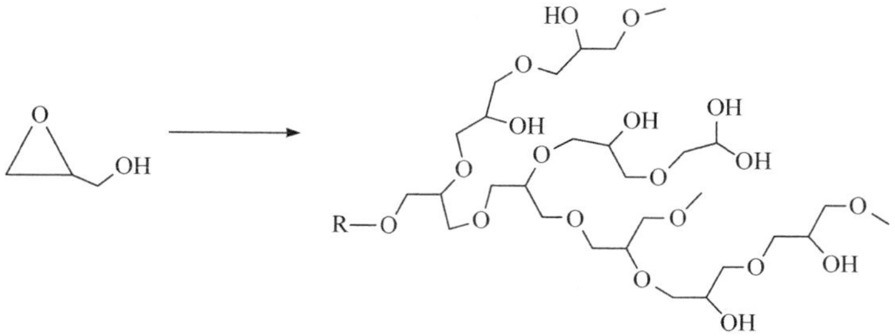

图 1-12 阴离子开环聚合制备超支化脂肪族聚醚[13]

超支化脂肪族聚醚也可以通过氧杂环丁烷衍生物的开环聚合得到。傅祺[25]报道了 3-乙基-3-(羟甲基)氧杂环丁烷开环聚合制备超支化脂肪族聚醚，见图 1-13。由 ^{13}C NMR 确定的支化度为 0.41，由体积排除色谱测定的分子量为 4170。

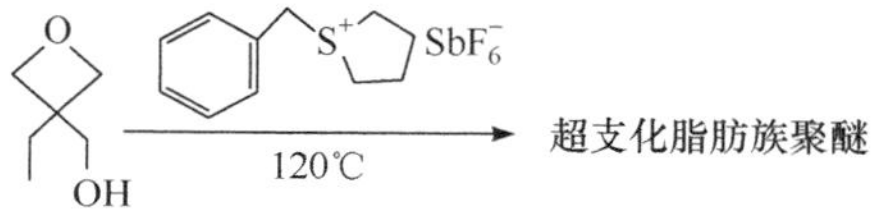

图 1-13 3-乙基-3-(羟甲基)氧杂环丁烷开环聚合制备超支化脂肪族聚醚[25]

与其他缩聚法相比，开环聚合法最大优点是操作简单，合成过程中不需要排除低分子化合物，而且能够制备不同于 AB_x 型单体制备的新型超支化聚合物，同时因为其单体的特殊性，对合成的超支化聚合物进行末端修饰后，一般具有两亲性，在可生物降解材料和生物相容性材料方面具有潜在的应用价值。

1.4.2　双-单体法

根据反应单体和反应历程的不同，DMM 可分为 A_2+B_3 型单体聚合法和偶合单体法(coupling monomorphic method, CMM)。双-单体法所用单体相对 AB_x 型单体更易获得，是合成超支化聚合物的经典方法。

1. A_2+B_3 型单体缩聚法

A_2+B_3 型单体缩聚法很早就被应用于合成超支化聚合物，中间体 A_2+B_3 低聚体发生反应生成超支化聚合物，其中 A_2 代表低聚物中含有 2 个所需基团，B_3 代表低聚物中含有 3 个所需基团，聚合原理见图 1-14。该反应可以认为是多步反应，首先迅速生成 AB_2 类型的中间体(ab 为 A、B 基团反应生成的连接键)，其次以 AB_2 型单体进一步聚合，最终制备超支化聚合物。

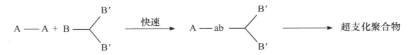

图 1-14　A_2+B_3 体系超支化聚合原理

与 AB_x 型单体缩聚法相比，A_2+B_3 型单体缩聚法所用单体容易制备且易于实现工业化，但是在反应过程中容易产生凝胶反应，因此防止凝胶生成成为该领域热门研究课题。一般而言，避免凝胶产生的途径主要有 3 种：

(1) 在临近临界凝胶点前加封端剂终止聚合；

(2) 在稀溶液中进行聚合，发生环化反应可以有效防止凝胶的生成；

(3) 将单体缓慢添加到反应体系中。

Ohta 等[26]在无凝胶出现的情况下将 A_2 单体 4-N, N'-二(2-叠氮乙基)胺-4′-硝基偶氮苯和 B_3 单体 1,3,5-三(醛炔氧基)苯聚合成超支化聚三唑，见图 1-15。进一步的研究发现，采用"一锅法"通过严格控制反应条件如溶剂与催化剂的比率、反应时间等，可以得到产率较高的无凝胶聚合物。

此外，可以通过在 A_2+B_3 体系中加入一种或多种双官能团单体，构成含有多组分的单体体系。该体系遵循逐步聚合增长机理，因此可以很好地控制超支化聚合物的结构，特别是支化度。例如，Bednarek[27]采用 $A_2 + A_2' + B_3$ 方法合成了含有缺电子基团 2,4,6-三(p-溴基)-1,3,5-三嗪的超支化聚芴，见图 1-16。研究表明，投入单体的量对超支化聚合物的溶解性有直接的影响，B_3 单体中三嗪的比例越大，溶解性越差。

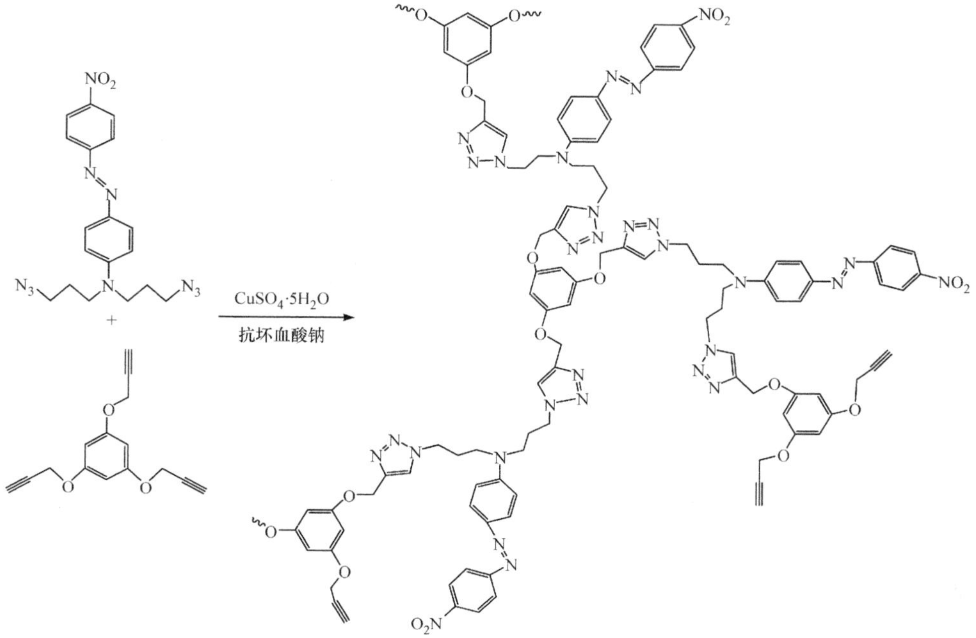

图 1-15 A$_2$+B$_3$ 单体缩聚合成超支化聚三唑[26]

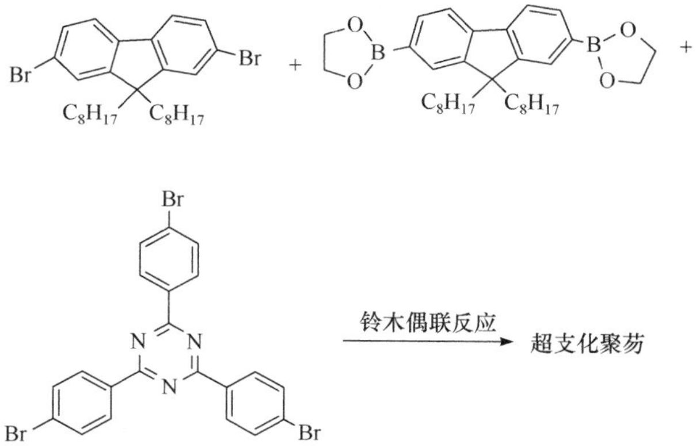

图 1-16 引入三唑结构的超支化聚芴[27]

2. 偶合单体法

偶合单体法由 Parzuchowski 等[28]提出，该方法合成超支化聚合物所用的两种单体会在反应体系中先原位生成 AB$_x$ 型中间体，再按照 AB$_x$ 型单体缩聚进一步合成超支化聚合物，在理论上能避免凝胶的产生(图 1-17)。由于所选用单体对官能团的反应活性不同，这种聚合方法也被称为不等活性单体聚合法和偶合单体聚合法。

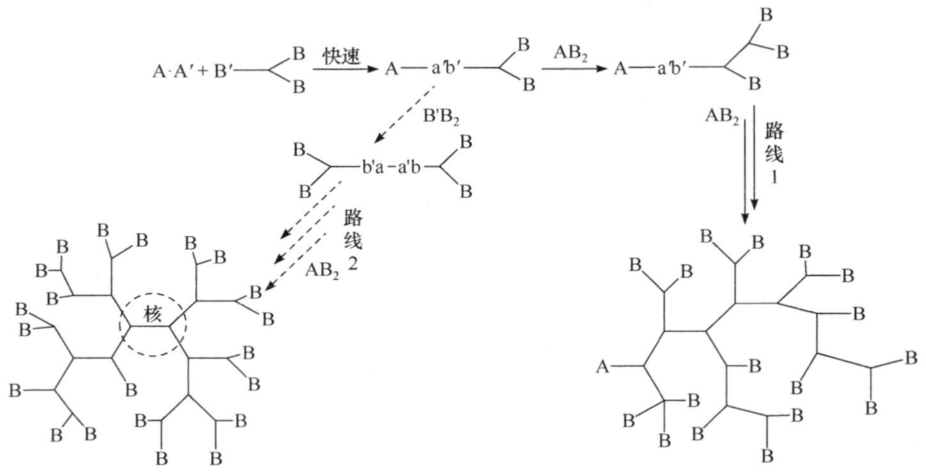

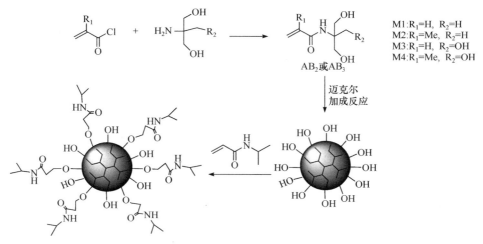

图 1-17　偶合单体法合成超支化聚合物[28]

　　目前，利用偶合单体聚合法已合成的超支化聚合物有聚醚、聚酰胺、聚乙氧基硅等。Lin 等[29]先使单体多羟基胺和甲基丙烯酰氯原位生成 AB_x 型的中间体，然后利用迈克尔加成聚合及 *N*-异丙基丙烯酰胺封端后得到热敏型超支化聚(醚-胺)，见图 1-18。Gao 等[30]采用 1, 6-己二硫醇(A_2 单体)与丙烯酸丙炔酯(CB_2 单体)为单体，通过 CMM 合成含端炔基的超支化聚硫醚。研究发现，该反应的转化率为 5.4%，支化度超过 0.5，而且反应过程中没有凝胶现象。

M1=2-丙烯酰氨基-2-甲基丙烷-1,3-二醇　　M2=2-甲基丙烯酰氨基-2-甲基丙烷-1,3-二醇

M3=*N*-(三(羟甲基)甲基)丙烯酰胺　　M4=2-甲基丙烯酰氨基-2-羟甲基丙烷-1,3-二醇

图 1-18　偶合单体法合成热敏型超支化聚(醚-胺)[29]

CMM 合成超支化聚合物的关键在于选择合适的单体对，该方法的优点是，

可以直接采用商品化的单体合成端羟基、端氨基等高分子量的水溶性或油溶性的超支化聚合物，而且可以控制产物的支化度，避免反应过程中产生凝胶现象。此外，可以通过控制投料比调整产物的分子量和末端官能团，进而解决超支化聚合物合成成本高，产物结构可控性差等问题，为超支化聚合物的功能化研究及应用提供广阔的前景。

1.5 超支化聚合物的应用

如前所述，合成超支化聚合物的方法包括 AB_x 型单体缩聚法、自缩合乙烯基聚合法和开环聚合法等。在实际操作中，一般采取"一步法"直接合成所需超支化聚合物。"一步法"合成操作简单且成本低廉，与树枝状聚合物用逐步重复反应的合成方法相比，更适用于大规模工业生产。而且超支化聚合物具有三维立体高支化结构，含有大量端基，分子间无缠绕，不易结晶，溶解性好，黏度低，化学反应活性较高，这些特殊性能使超支化聚合物在许多方面可以取代树枝状聚合物，成为有潜在应用价值的新型材料。

1.5.1 在涂料领域的应用

随着人们环保意识的不断提高，超支化聚合物在环境友好型涂料中得到越来越广泛的应用。功能性涂料有粉末涂料、光固化涂料、建筑涂料、有机-无机杂化涂料及涂料改性剂[31]。

马金等[32]使用三羟甲基丙烷和二羟甲基丙酸制备超支化聚酯多元醇，然后将聚氨酯(PUA)封端得到 PUA 预聚物，再将预聚物与超支化聚酯多元醇反应，最后向该混合体系中加入活性稀释剂制得可紫外光固化的 HPUA 新型涂料，见图 1-19。研究结果表明，HPUA 固化膜较普通固化膜具有更好的热稳定性和柔韧性，同时凝胶率和硬度更高，吸水率和固化收缩率更低。

曹洪涛等[33]以正硅酸乙酯为前驱体、γ-甲基丙烯酰氧丙基三甲氧基硅烷(KH-570)为改性剂，在酸性条件下，采用溶胶凝胶法合成了改性硅溶胶；然后以 HPUA 为低聚物、季戊四醇三丙烯酸酯(PETA)为活性稀释剂，制备了紫外光固化 HPUA/SiO_2 杂化涂料。研究结果表明，杂化涂膜的热稳定性高于纯 PUA 涂膜；当改性硅溶胶的质量分数为 16%时，杂化涂料的综合性能最好。

袁仁能等[34]采用硬脂酸对超支化聚酯的端基进行改性处理，见图 1-20，然后将该超支化聚酯应用到涂料中，并对改性后的涂料进行表征。研究结果表明，引入超支化助剂可以很好地改善涂料的流平性，有效减少了涂膜表面的缺陷，且对涂料的附着力和耐冲击性没有影响。

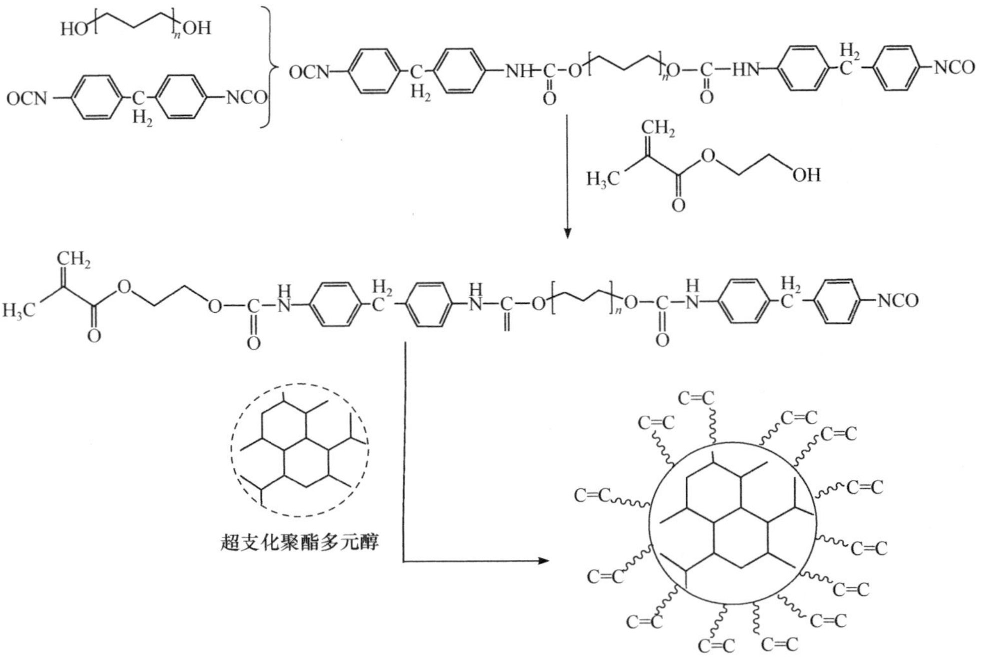

图 1-19　超支化聚氨酯丙烯酸酯的合成路线图[32]

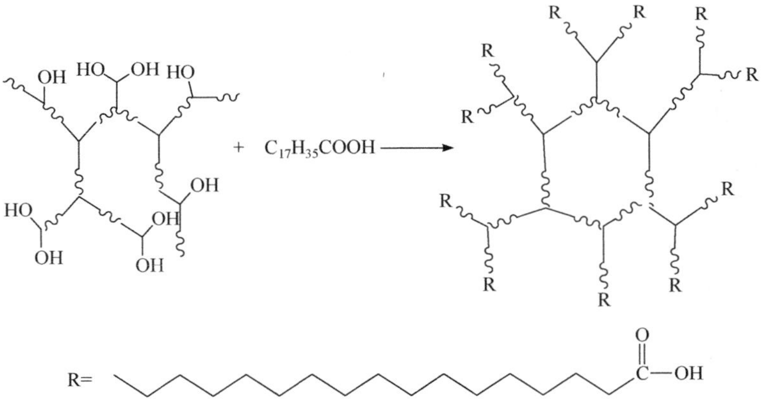

R=

图 1-20　硬脂酸改性超支化聚酯[34]

　　Naik 等[35]以二季戊四醇(DPE)与二羟甲基丙酸(DMPA)为原料制得超支化聚酯多元醇(HBP)，见图 1-21，将其与改性剂亚麻油进行反应，得到含有不同数量的未反应羟基的超支化醇酸树脂，并以 HDI 为固化剂，成功制备出固含量可达 80%以上的高固分超支化聚氨酯醇酸树脂涂料。

　　王勇等[36]以 2,2-二羟甲基丙酸为 AB₂型单体，三羟甲基丙烷为核分子，合成超支化聚酯(HBP-3)，见图 1-22；以月桂酸和苯甲酸为改性剂，考察改性后超支化

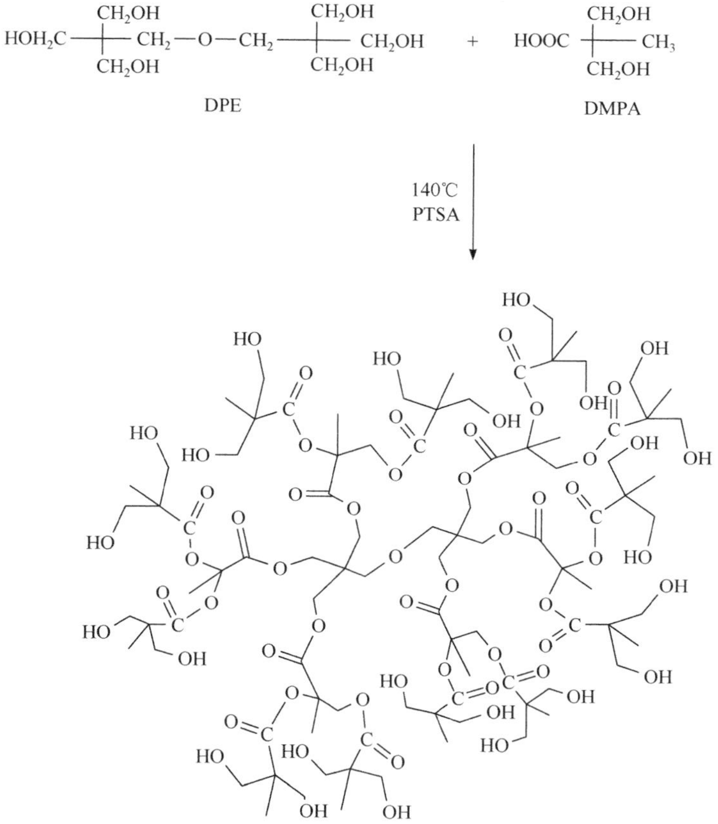

图 1-21 超支化聚酯多元醇的合成路线图[35]

聚酯的交联涂膜性能。研究结果表明，经苯甲酸和月桂酸改性后可以得到光滑平整、具有良好的光泽度、附着力和柔韧性的涂膜，说明超支化聚酯经过改性可以作为涂料用树脂。

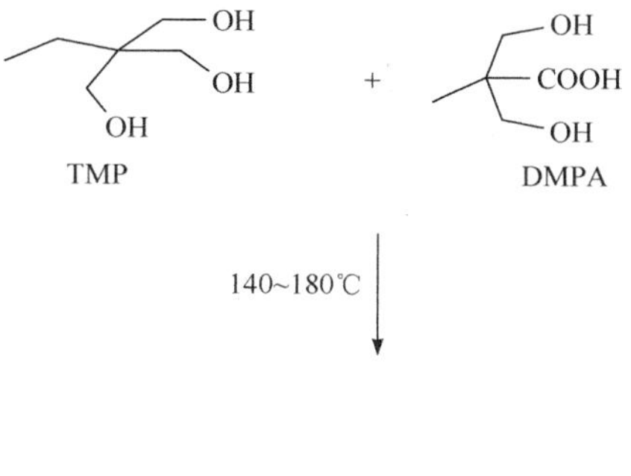

TMP + DMPA

140~180℃

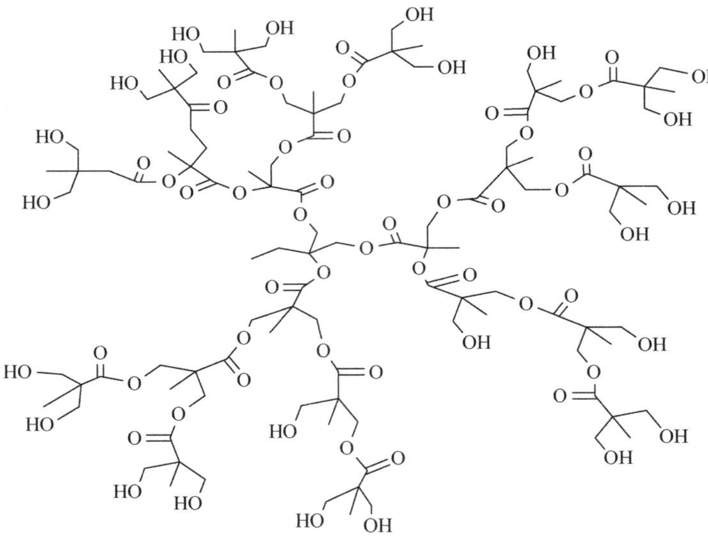

图 1-22　超支化聚酯的合成路线图[36]

1.5.2　在聚合物共混方面的应用

对已有聚合物的共混改性是发展新型超支化聚合物的重要途径。超支化聚合物在聚合物共混中常用作分散剂、增韧剂、增容剂、环氧树脂的固化剂及染色助剂等添加剂，以提高共混物的流变性和相容性。

王学川等[37]以椰子油脂肪酸二乙醇酰胺(CDEA)为核分子，二羟甲基丙酸(DMPA)为 AB$_2$ 单体，对甲苯磺酸(PTSA)为催化剂，制备出一系列端羟基超支化聚酯(CHBP$_x$)，再以 CHBP$_x$ 和顺丁烯二酸酐为原料合成端羧基线型超支化聚酯(MHBP$_x$)，见图 1-23，进行中和后制备出阴离子型加脂剂，将其应用于绵羊皮加脂工序中，结果显示撕裂强度和成革柔软度均提高。

康凯尔等[38]对超支化聚酯进行接枝改性，得到末端含有大量脂肪酸长链的超支化聚合物(LCHBP)，并以此为改性剂，对聚乳酸(PLA)/聚碳酸亚丙酯(PPC)进行不同程度的改性，制备 PLA/PPC/LCHBP 熔融共混物。研究表明，加入 LCHBP后，PLA/PPC 共混体系的玻璃化转变温度显著降低，由此可见 LCHBP 是一种增容 PLA/PPC 共混体系的有效改性剂；随着 LCHBP 加入量的增加，PLA/PPC 共混体系的拉伸强度基本保持不变。

1.5.3　在膜材料中的应用

超支化聚合物能够提高膜的选择性和透过性，被广泛用于分离膜材料的制备与改性研究中。膜材料主要包括纳滤膜、反渗透膜、气体分离膜和离子交换膜。

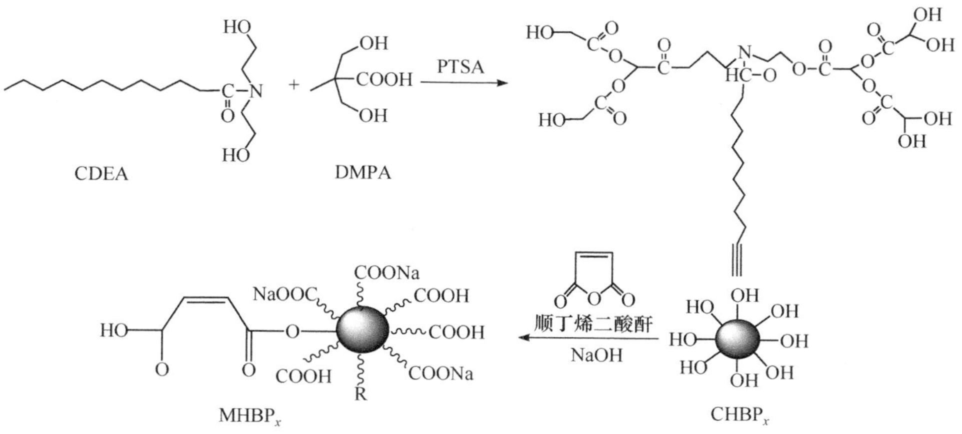

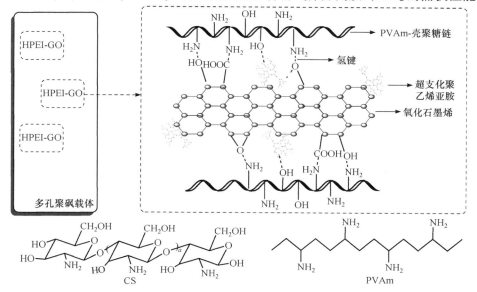

图 1-23　MHBP$_x$ 的合成路线图[37]

　　Kong 等[39]分别将三种具有不同羟基末端基团和分子结构的超支化聚酯(HPE)掺入由哌嗪(PIP)和均苯三甲酰氯(TMC)界面聚合反应形成的聚酰胺薄膜中，制备了三种具有不同分离选择性的超支化聚酯/聚酰胺超薄膜。研究发现，当 HPE 的质量分数低于 60%时，会增加膜表面的粗糙度，从而在较高盐截留率下，提高了膜的高渗透选择性。

　　Shen 等[40]将聚乙烯胺(PVAm)和壳聚糖(CS)作为聚合物基质材料，接枝超支化聚乙烯亚胺的氧化石墨烯(HPEI-GO)作为纳米填料制成混合基质膜，并涂覆在多孔聚砜(PS)载体上(图 1-24)，探究超支化聚合物气体分离膜对 CO$_2$ 的捕获性能。

图 1-24　HPEI-GO/CS-PVAm/PS 膜的制备及 CS 和 PVAm 的分子结构示意图[40]

Xu 等[41]将低聚硅氧烷封端的超支化聚甲亚胺(HBP-PAZ-SiO$_n$)溶液分别与乙基纤维素(EC)的乙醇溶液和聚砜(PS)的二氯甲烷溶液混合，通过溶剂蒸发相转化法制备了 HBP-PAZ-SiO$_n$/EC 和 HBP-PAZ-SiO$_n$/PS 共混膜，HBP-PAZ-SiO$_n$ 的合成路线见图 1-25。研究发现，HBP-PAZ-SiO$_n$ 分子中含有大量的氨基，可以促进 CO$_2$ 的跨膜传输，同时硅氧烷基团可以提高 CO$_2$ 和 N$_2$ 的扩散性。共混膜对 CO$_2$ 的渗透率相对纯 EC 和 PS 提高了 15 倍以上，而且膜的选择性没有下降。

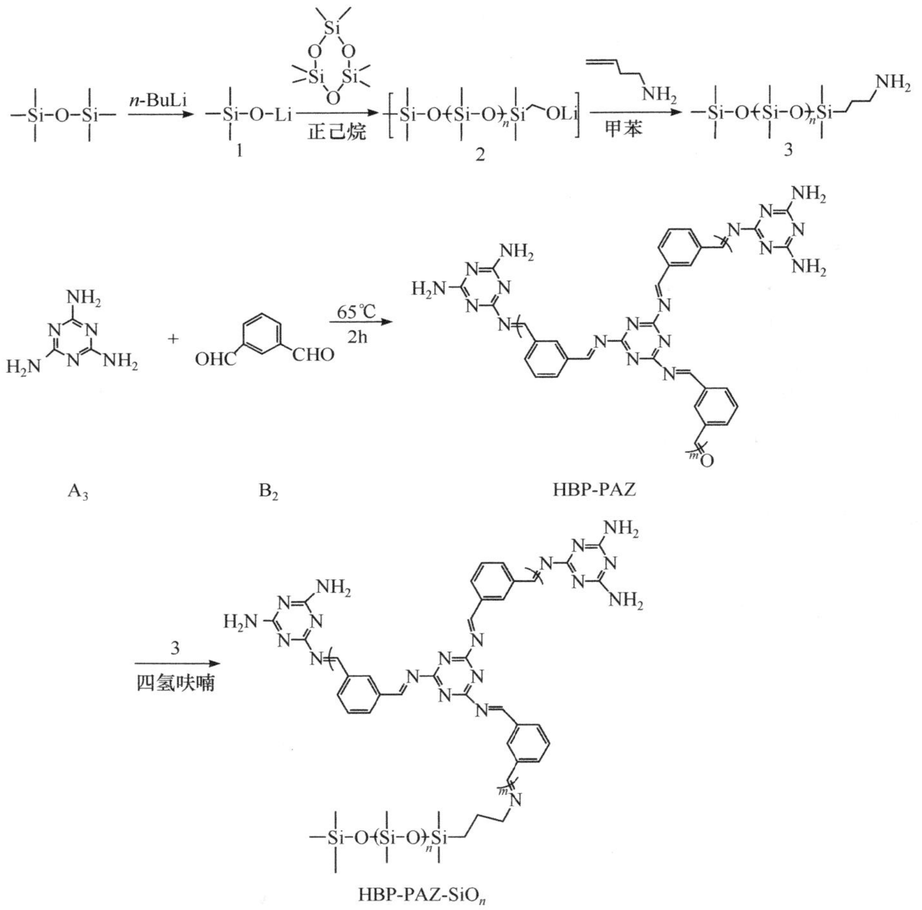

图 1-25　HBP-PAZ-SiO$_n$ 的合成路线图[41]

1.5.4　在医学领域的应用

超支化聚合物作为一类新型多功能生物相容性材料，具有的近似球状的纳米结构及大量末端官能团，可以螯合离子，吸附小分子，作为药物缓释剂在临床药剂学领域表现出巨大的潜力；同时，超支化聚合物独特的胶束特性，可以将亲水性的外层结构与疏水性的内层结构结合在一起，形成空腔，提供多个结合位点，为药物释放载体的应用提供理论基础。

Adeli 等[42]以柠檬酸(CA)和甘油(G)为单体，通过熔融缩聚的方法制备超支化聚酯，见图 1-26，并用其装载抗癌药物顺铂，在稳定性测试中发现整个药物传输体系可以在盐水缓冲液稳定数月。同时，研究了该载体材料在运送过程中对 C26 癌细胞的对抗性，证实了该超支化聚酯可以作为药物运载体。

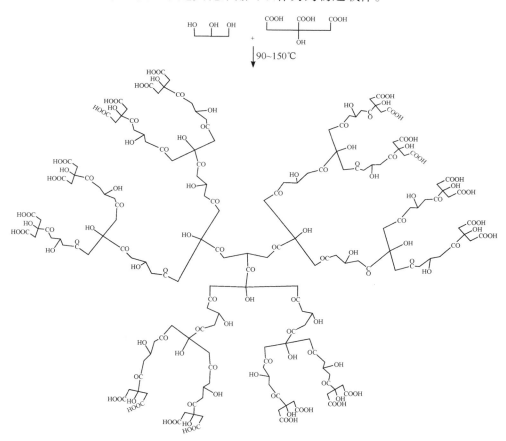

图 1-26　含有 CA 和 G 结构的超支化共聚物合成路线图[42]

范溦等[43]用含有香豆素基团的自引发单体，与 2-(2-甲氧基乙氧基)乙基甲基丙烯酸酯(MEO$_2$MA)进行聚合得到超支化聚合物，并以其作为引发剂，进行二甲氨基乙基甲基丙烯酸酯(DMAEMA)的原子转移自由基聚合，合成了具有温度响应的新型超支化聚合物 H-PMEO$_2$MA-star-PDMAEMA，见图 1-27。试验中将模拟药物尼罗红装载到此胶束中，研究了该聚合物在胶束交联前后的药物释放行为。实验结果表明，交联能够很好地维持胶束的稳定性，而且能够很好地控制药物释放。

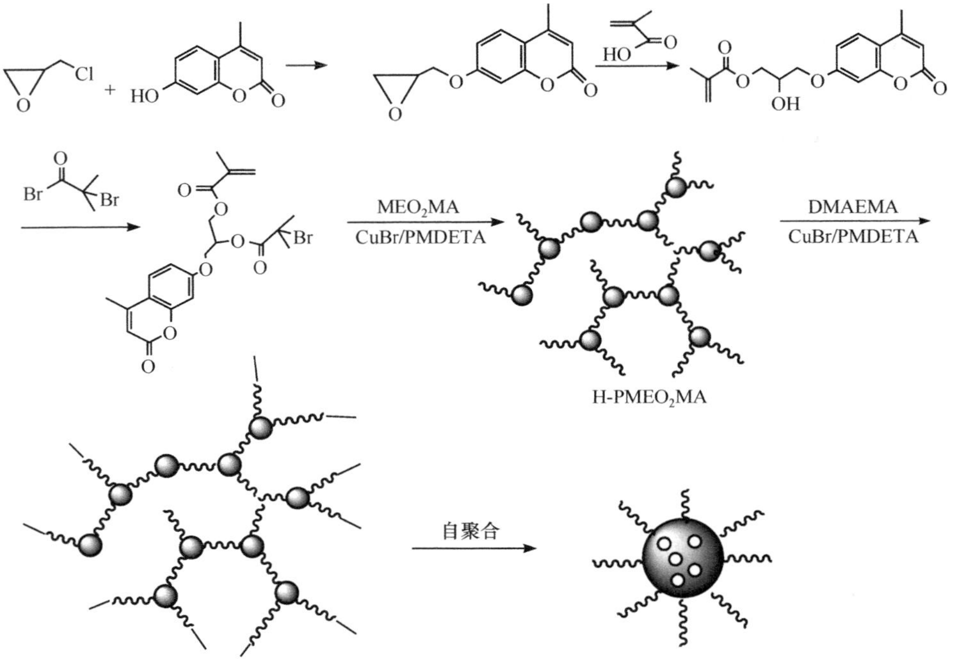

H-PMEO$_2$MA-star-PDMAEMA

图 1-27　H-PMEO$_2$MA-star-PDMAEMA 的合成路线图[43]

超支化聚合物由于独有的结构特征和特殊性能，已成为具有广泛应用前景的新型材料。目前，超支化聚合物及其衍生物已被用于涂料、医药、流变学改性剂、皮革工业等方面，并取得了一定进展。随着现代聚合技术不断发展，通过物理和化学改性技术合成新型超支化聚合物指日可待。但是，超支化聚合物的合成及应用在许多方面仍处于探索阶段，需要进一步研究新的聚合方法，以拓展超支化聚合物的应用领域。

参 考 文 献

[1] 张小平, 黄艳琴, 任厚基, 等. 超支化聚合物最新研究进展[J]. 科学通报, 2011, 56(21): 1683-1695.

[2] WEI Q, BECHERER T, NOESKE P L M, et al. A universal approach to cross linked hierarchical polymer multilayers as stable and highly effective antifouling coatings[J]. Advanced Materials, 2014, 26(17): 2688-2693.

[3] SMITH C E, LEE J, SEO Y, et al. Worm-like superparamagnetic nanoparticle clusters for enhanced adhesion and magnetic resonance relaxivity[J]. Acs Applied Materials and Interfaces, 2017, 9(2): 1219-1225.

[4] 李婷婷, 颜红侠, 冯书耀, 等. 超支化三嗪聚合物接枝碳纳米管及其 BOZ/BMI 树脂固化动力学的影响[J]. 黏

接, 2015, 36(5): 51-55.

[5] LIU Z, AN X, DONG C, et al. Modification of thin film composite polyamide membranes with 3D hyperbranched polyglycerol for simultaneous improvement in their antifouling properties[J]. Journal of Materials Chemistry A, 2017, 5(44): 23190-23197.

[6] BACH L G, ISLAM M R, LIM K T. Expanding hyperbranched polyglycerols on hydroxyapatite nanocrystals via ring-opening multibranching polymerization for controlled drug delivery system[J]. Materials Letter, 2013, 93: 64-67.

[7] YAN D Y, GAO C G, HOLGERF. Hyperbranched polymer[M]. Canada: John Wiley&Sons, Inc., 2011.

[8] KIENLE R H, HOVEY A G. The polyhydric alcohol-polybasic acid reaction. Ⅰ. Glycerol-phthalic anhydride[J]. Journal of the American Chemical Society, 1929, 51: 509-519.

[9] KIM Y H, WEBSTER O W. Water-soluble hyperbranched polyphenylene: A unimolecular micelle[J]. Journal of the American Chemical Society, 1990, 112: 4592-4593.

[10] FLORY P J. Molecular size distribution in three dimensionalpolymers. Ⅵ. Branched polymers containing A-R-Bf-1type units[J]. Journal of the American Chemical Society, 1952, 74: 2718-2723.

[11] ZHENG Y C, LI S P, GAO C, et al. Hyperbranched polymers: Advances from synthesis to applications[J]. Chemical Society Reviews, 2015, 44(12): 4091-4103.

[12] FRÉCHET J M J, HAWKER C J. Hyperbranched polyphenylene and hyperbranched polyesters: New soluable, threedimensional reactive polymers[J]. Rcactive &Functional Polymers, 1995, 23: 127-136.

[13] HÖLTER D, BURGATH A, FREY H. Degree of branching in hyperbranched polymers[J]. Acta Polymerica, 1997, 48(1-2): 30-35.

[14] CAMINADE A M, YAN D Y, SMITH D K. Dendrimers and hyperbranched polymers[J]. Chemical Society Reviews, 2015, 44: 3870-3873.

[15] 魏焕郁, 施文芳. 超支化聚合物的结构特征、合成及其应用[J]. 高等学校化学学报, 2001, 22(2): 338-344.

[16] 郑晓昱, 王锦成, 杨科, 等. 超支化聚合物的特征、制备及其应用研究进展[J]. 绝缘材料, 2011, 44(1): 36-46.

[17] HONG C Y, YOU Y Z, WU D C, et al. Thermal control over the topology of cleavable polymers: From linear to hyperbranched structures[J]. Journal of the American Chemical Society, 2007, 129(17): 5354-5355.

[18] 王杨, 聂锦山, 顾准, 等. 基于超支化聚酰胺胺可生物降解阳离子基因递送系统的构建与体外评价[J]. 中国组织工程研究, 2019, 23(6): 936-944.

[19] KIM Y H, WEBSTER O W. Hyperbranched polyphenylenes[J]. Macromolecules, 1992, 25(21): 5561-5572.

[20] SINANANWANICH W, HIGASHIHARA T, UEDA M. Synthesis of a hyperbranched polymer with perfect branching based on piperidine-4-one[J]. Macromolecules, 2011, 42(4): 994-1001.

[21] FRÉCHET J M J, HENMI M, GITSOV I, et al. Selfcondensing vinyl polymerization: An approach to dendritic materias[J]. Science, 1995, 269(5227): 1080-1083.

[22] LIU X H, BAO Y M, LI Y S, et al. Synthesis of hyperbranched polymers via a facile self-condensing vinyl polymerization system-Glycidyl methacrylate/Cp$_2$TiCl$_2$/Zn[J]. Polymer, 2010, 51(13): 2857-2863.

[23] LI S P, HAN J, GAO C. High-density and hetero-functional group engineering of segmented hyperbranched polymersvia click chemistry[J]. Polymer Chemistry, 2013, 4(6): 1774-1787.

[24] SUZUKI M, LI A, SAEGUSA A. Multibrancheing polymerization: Palladium-catalyzed ring-opening polymerization of cyclic carbamate to produce hyperbranched dendritic polyamine[J]. Macromolecules, 1992, 25(25): 7071-7072.

[25] 傅祺. 超支化聚酯的合成与表面修饰及其光敏性能研究[D]. 合肥: 中国科学技术大学, 2009.

[26] OHTA Y, FUJII S, YOKOYAMA A, et al. Synthesis of well-defined hyperbranched polyamides by condensation

polymerization of AB$_2$ monomer through changed substituent effects[J]. Angewandte Chemie-International Edition, 2009, 48: 5942-5945.

[27] BEDNAREK M, PLUTA M. Oligomeric branched polyethers with multiple hydroxyl groups by cationic ring-opening polymerization for inorganic surface modification[J]. Macromol Symp, 2010, 287: 119-126.

[28] PARZUCHOWSKI P G, GRABOWSKA M, JAROCH M, et al. Synthesis and characterization of hyperbranched polyesters from glycerol-based AB$_2$ Monomer[J]. Journal of Polymer Science Part A Polymer Chemistry, 2009, 47: 3860-3868.

[29] LIN Y, GAO J W, LI Y S, et al. Synthesis and characterization of hyperbranched poly(ether amide)s with thermoresponsive property and unexpected strong blue photoluminescence[J]. Macromolecules, 2009, 42: 3237-3246.

[30] GAO C, HAN J, ZHAO B, et al. Sequential click synthesis of hyperbranched polymers via the A$_2$+CB$_2$ approach[J]. Polymer Chemistry, 2011, 2(10): 2175-2178.

[31] 刘翠华. 超支化聚合物的合成及其超分子封装和超分子自组装研究[D]. 上海: 上海交通大学, 2007.

[32] 马金, 丁响亮, 刘棋, 等. 超支化聚氨酯的制备及其在紫外光固化卷材涂料中的应用[J]. 涂料技术与文摘, 2017, 38(10): 31-35.

[33] 曹洪涛, 胡孝勇. UV 固化超支化 PUA/SiO$_2$ 杂化涂料的制备及性能研究[J]. 中国胶粘剂, 2018, 27(4): 23-26.

[34] 袁仁能, 刘丹, 曾志翔, 等. 超支化聚酯改善聚酯粉末涂料表观性能的研究[J]. 涂料工业, 2011, 41(10): 34-37.

[35] NAIK R B, RATNA D, SINGH S K. Synthesis and characterization of novel hyperbranched alkyd and isocyanate trimer based high solid polyurethane coatings[J]. Progress in Organic Coatings, 2014, 77(2): 369-379.

[36] 王勇, 孔霞, 朱延安, 等. 涂料用超支化聚酯的合成及改性[J]. 高分子材料科学与工程, 2013, 29(3): 14-21.

[37] 王学川, 郭笑笑, 王海军, 等. 端羧基线性-超支化聚酯的制备及皮革加脂应用[J]. 陕西科技大学学报(自然科学版), 2017, 35(1): 16-22.

[38] 康凯尔, 靳玉娟, 汪博, 等. 长链型超支化聚合物对 PLA/PPC 共混体系的增容改性研究[J]. 中国塑料, 2019, 33(2): 1-7.

[39] KONG X, QIU Z L, LIN C E, et al. High permselectivity hyperbranched polyester/polyamide ultrathin films with nanoscale heterogeneity[J]. Journal of Materials Chemistry A, 2017, 5(17): 7876-7884.

[40] SHEN Y J, WANG H X, LIU J D, et al. Enhanced performance of a novel polyvinyl amine/chitosan/graphene oxide mixed matrix membrane for CO$_2$ capture[J]. ACS Sustainable Chemistry&Engineering, 2015, 3(8): 1819-1829.

[41] XU L, LEI T Y, JING B Y, et al. Synthesis of soluble oligsiloxane-end-capped hyperbranched polyazomethine and their application to CO$_2$/N$_2$ separation membranes[J]. Designed Monomers&Polymers, 2018, 21(1): 99-104.

[42] ADELI M, RASOULIAN B, SAADATMEHR F, et al. Hyperbranched poly (citric acid) and its application as anticancer drug delivery system[J]. Journal of Applied Polymer Science, 2013, 129(6): 3665-3671.

[43] 范溦, 李敏, 洪春雁, 等. 含香豆素基团超支化星形聚合物的合成与表征[J]. 化学学报, 2015, 73(4): 330-336.

第2章 超支化聚合物在皮革工业中的应用

2.1 制革加工过程

皮革是指经脱毛和鞣制等物理、化学加工后得到的具有使用价值的动物皮，简称革。皮革是人类历史上出现最早的文化产物之一，发展史几乎与人类的发展史等长。远古人类通过打猎获得兽类后，利用尖状石器剥取兽皮用来御寒，后来又将其用于构造帐篷和装饰等。人们发现，生皮易腐烂，干皮会变硬，在提高兽皮舒适性的不断探索和实践中，制革工业诞生了，并随着人类文明的进步不断发展。

目前，我国制革过程一般分为准备、鞣制、整饰三大工段[1]。准备工段是将原料皮变为适合鞣制的裸皮；鞣制工段是将裸皮变成革，生皮在这一阶段发生质的变化；整饰工段是使革在外观和性能上达到使用要求。

2.1.1 准备工段

鞣前准备工段是制革的基础，对成革的质量性能至关重要。准备工段的主要步骤包括生皮的组批、浸水、脱毛、脱灰及软化，其目的为：
(1) 恢复鲜皮状态。
(2) 除去毛、脂质和纤维间质等无用成分。
(3) 松散胶原纤维。
(4) 调节 pH。

1. 组批

组批指根据原料皮的情况对其进行分类以便后续操作的过程。进购的原料皮，在张与张之间存在张幅、薄厚、伤残程度等方面的差异。如果以同一条件一次性投产，很难保证每张皮的质量，有些较薄的皮可能会处理过重，引起松面；有些皮可能会处理过轻，皮面僵硬，引起裂面。为了使原始条件不同的皮得到合适的加工，成为质量均匀的成革，应根据原料皮的状况在加工前进行分类，尽量将大小和薄厚一致、路分相同、防腐方法与皮张存放期一致、畜龄相近的皮张组成一生产批。此外，组批时还必须考虑伤残情况、原料皮防腐状况。原料皮伤残多，有溜毛、腐烂现象的，要挑选出来另做处理。

2. 浸水

浸水[2]是把原料皮投入有水、浸水助剂、防腐剂的转鼓或划槽中使原料皮回水的操作。浸水的目的是去除原料皮上的污物和防腐剂，溶解皮中可溶性蛋白质，使原料皮的显微结构和含水量恢复至鲜皮状态。鲜皮经过防腐保存后，水分含量各不相同，纤维组织黏结程度也不一样。此外，原料皮上还会存在泥沙、粪便、血污、无用的纤维间质、油脂、毛、表皮组织、皮下组织、脂腺、汗腺等，在加工前期必须去除。浸水还有助于干纤维水合化，松弛粘连的纤维，胶原纤维、动物毛中的角蛋白细胞与表皮会在浸水后变得松软和柔韧。

3. 脱毛

脱毛是制革工序中非常重要的一步，其作用是去除皮板上的毛发，并尽可能地去除纤维间质，松散皮纤维。沿长度可将毛分为毛干和毛根两部分，毛干在皮外，毛根则长在皮内。毛能牢固地长于皮上，主要是由于以下两点：一是毛囊对毛根的包裹作用；二是毛球与毛乳头紧密相连。从这一角度来说，无论何种脱毛方法，都是从破坏这两个连接方式的角度上进行脱毛：一是将毛溶毁；二是破坏或削弱毛囊与毛根的连接以及毛球与毛乳头的作用，再通过适当的机械作用将毛除去。相应地，这两种方法在制革中分别称为毁毛脱毛法和保毛脱毛法。

毁毛脱毛法顾名思义是通过破坏毛和表皮达到脱毛的目的。具体地，在一定条件下将化学品直接作用于毛和表皮，打断维持毛和表皮稳定的双硫键，破坏表面连接的稳定性，使其逐步溶解。制革中应用和研究的毁毛脱毛法主要有碱法毁毛脱毛法和氧化法毁毛脱毛法两类。碱法毁毛脱毛法又可分为浸灰碱法、盐碱法、碱碱法等。其中浸灰碱法在现代制革工业中最为常见。其优点是脱毛速度快，成本低廉，有利于节约成本，同时可以很好地达到制革要求的脱毛效果。但缺点是具有高污染性，脱毛过程中会产生大量的污染物(废水、废气、废渣)，使废水中的有机物含量急剧增加，废水处理变得十分困难，且处理后产生大量的污泥，对环境造成严重的污染，成为制革业持续发展的重大阻碍。近年来，随着环保政策日益严格，大部分制革企业不再采用毁毛脱毛法，而是使用更加环保的脱毛工艺。

为了减少污染和节约成本，制革工作者更常采用的脱毛工艺是保毛脱毛法，保毛浸灰系统就是其中的一种。通过碱预处理，先打断双硫键，形成过硫化半胱氨酸和脱氢丙氨中间体，然后形成难以被还原剂破坏的羊毛硫氨酸和赖胺丙氨酸，同时毛根部分被辅助化学品所破坏。这样就产生了毛干角蛋白不被硫化物还原的效果，而辅助化学品的存在避免了毛根部分在分解过程中的偶然免疫作用。之后再加入少量还原剂作用于由辅助化学品处理的毛根部分，使受免疫保护的毛干部分完整地从皮上脱下。这种完整脱下的毛可通过过滤系统被分离出来，大大降低了脱毛废水的化学需氧量、硫化物与氮化物含量。

4. 脱灰

脱灰的目的是除去裸皮中的灰碱，以利于鞣剂的渗透结合；消除裸皮的膨胀状态，调节裸皮 pH，为后面软化、浸酸等工序创造条件。在传统皮革生产中使用铵盐脱灰是必不可少的工序，因为它能使裸皮的 pH 缓冲在适合酶软化[3]的 pH 范围内，但是这样会在皮革废水中产生大量的氨氮和总溶解固体，不符合绿色环保的要求。

近年来，铵盐脱灰法逐渐被更加环保的方法取代，如二氧化碳脱灰法和其他复合脱灰法。制革时，常需在脱灰前进行去肉或剖层等操作，这主要是因为经去肉和剖层的灰裸皮较容易进行脱灰(去肉时除去了结合在油脂和肉上的大量石灰，并将裸皮上未结合的石灰也挤压了出来，脱灰效果更好)，且节省了化料用量。值得注意的是，脱灰皮应立即进入下一道工序，因为碱已被除去，腐败细菌会很快繁殖，引起裸皮发黏，使纤维结构受到损害。

5. 软化

软化是准备工段中的一个重要工序，目的是除去皮垢，如毛根、色素及残留的蛋白质物质，以避免这些物质在随后的浸酸和鞣制操作中沉积在皮的粒面上。软化能进一步松散皮的结构，改善粒面的光滑度、弹性和粒纹，在确定成革的柔软度、丰满性、弹性、透气性以及手感等方面起着主要的作用。

目前还没有理想的判断软化终点的方法。常通过观察裸皮的外观及手感来判断柔软度。柔软性好的裸皮，要求纹路表面洁白细腻，光滑如丝，手感柔软，彻底消除膨胀。臀部纹路表面的指痕清晰，长时间不会消失。软化皮的孔隙率可以通过软化较重的薄皮来检查，即裸皮扭曲成袋状，用力挤压时颗粒表面出现很多气泡，说明胶原纤维疏松适中，柔软性好。不同皮革对柔软度有不同的要求，应根据生产要求确定最合适的柔软度。

2.1.2 鞣制工段

鞣制工段[4]是制革的主要工段，裸皮在该阶段由皮变成革，该阶段关系着成革的质量。准备工段主要有浸酸和鞣制。

1. 浸酸

浸酸的目的之一是调节裸皮的 pH，使之适合于鞣制操作，或是防腐的需要，另一目的是使胶原纤维结构得到进一步松散。无机酸价格便宜，但 pH 变化太快，使皮浸酸不均匀；有机酸价格贵，但浸酸温和。目前常用甲酸代替部分无机酸，因为甲酸有助于渗透，对鞣制有蒙面作用，缺点是成本高。浸酸方法有多种，可以分为三类：

(1) 平衡浸酸：裸皮整个断面 pH 维持在 2～3。这种类型的浸酸对革的碱度影响不大，铬鞣剂渗透快，但需要加入一定量的碱来中和皮中的酸，使足够的铬结合。

(2) 缓和浸酸：裸皮表面 pH 为 3～3.5，内中心 pH 为 4～6。这种情况下，铬在裸皮外层渗透迅速，结合较少；当进入 pH 较高的中间层时，碱度变大，发生结合。这种类型的浸酸只需加入少量的碱就可以鞣制。

(3) 短时间浸酸：仅浸酸 20～40min 就加入铬鞣剂。加入铬粉(Cr_2O_3)时，裸皮表面的 pH 较低(pH=2.5)，而裸皮中心的 pH 还很高，浸酸液继续在皮内渗透，被皮内残留的碱中和，浴液的 pH 上升，使铬鞣剂缓慢地碱化。因此采用短时间浸酸工艺可以不必再加碱。

目前制革工业上多采用"分次加酸-缓和浸酸"的方法进行浸酸。具体操作为：①加入食盐。这一步可以控制裸皮的酸膨胀，改善粒面平细性和紧实性。②加入甲酸。由于其分子小、渗透快，有缓冲作用。③加入硫酸。硫酸适用于鞣前浸酸，易得到柔软丰满的皮革，使皮的内外层 pH 减小，作用缓和，不易松面；能消除皮垢，进一步松散纤维而不至于松面；可以脱去更多的水，使皮更大、更平；可以去除重金属、灰斑。

2. 鞣制

通过鞣剂使生皮变成革的物理化学过程称为鞣制。鞣制[5]是制革和裘皮加工的重要工序。使用不同的鞣剂，鞣革产生了不同的鞣法，可以根据使用铬的量将其分为铬鞣法、少铬鞣法和高铬吸收法。

铬鞣法是目前制革工业中最成熟、产品质量最可靠、成本最低的鞣制方法之一。铬鞣过程中通常采用三价铬盐或铬粉直接处理裸皮。该方法产生的铬盐60%～70%进入皮革，其余则直接进入废水，造成污染，处理能耗较大。

少铬鞣法分为替代铬鞣法和结合鞣法。原理是减少铬鞣过程中铬的用量，部分或全部替代铬鞣剂，减少甚至消除铬对环境的污染。替代铬鞣法是用其他鞣剂代替铬鞣剂的一种技术。常见的鞣剂有矿物鞣剂和有机鞣剂。矿物鞣剂包括无铬无机鞣剂，如铝、硅酸盐、铁、钛和锆，而有机鞣剂包括植物鞣剂、合成鞣剂和醛鞣剂。结合鞣制法是铬鞣制的部分替代方法，如铬-铝鞣制、铬-植物鞣制等。铬-植物鞣制中植物鞣剂是可生物降解的天然产物，污染较小，但生产的植物鞣革与铬鞣革在柔软度、丰满度和伸长率上差异较大，因此效果不太理想。

高铬吸收法主要通过添加化学助剂和改变反应条件提高铬盐吸收率，从而减少铬的使用以及废液中的铬含量，在不影响鞣制效果的情况下使鞣制过程更加环保。

2.1.3 整饰工段

整饰工段分为鞣后湿加工工段和干燥整饰工段。鞣后湿加工工段[6]的主要工艺有削匀、中和、复鞣、染色、加脂、干燥、涂饰。干燥整饰工段的主要工艺有干燥和涂饰。整饰工段是制革的最后一个工段，鞣后的革根据市场和销售需求，在整饰工段进行加工，提高其商业价值。

1. 削匀

削匀决定成品革的厚度和均匀度。根据经验法则，切边皮革的厚度与成品皮革的厚度一致，可以满足成品革的要求。均匀切割时应注意将含水量控制在 40%～45%。如果含水量过高，皮革厚度难以确定，容易发生跳刀和切刀。如果含水量过低，叠放的皮边容易风干，不易软化。还要注意，削匀结束后革的放置时间不宜过长。削匀后进行修边，称重，作为后续工序的投料依据。

2. 中和

中和的主要目的是降低革的正电性，除去与胶原结合的酸和与铬鞣剂结合的酸，减少阴离子鞣剂的固定，提高 pH，以利于单宁、染料、油脂的渗透。

3. 复鞣

复鞣的主要目的是进一步提高铬鞣程度，弥补初鞣的不足，起到强化铬鞣革的作用，增强革中铬的结合量，以便于染料、加脂剂的结合。复鞣是鞣革后湿处理的关键工序，可以提高皮革的外观质量和性能，如柔软度、丰满度、耐湿热性、染色均匀性、耐磨性和压花成形性等。复鞣可以赋予革多种性能，应该选用性能优良的复鞣材料合理搭配。

可根据材料的不同性质对复鞣剂进行分类。目前比较常见的复鞣剂有无机复鞣剂、辅助型合成鞣剂、树脂型鞣剂、栲胶等。

4. 染色

染色是制革生产中的重要工序，在增加革制品的花色品种上有重要作用，可满足对不同色泽的要求。同时，通过染色可以在一定程度上改善成革的外观质量，提高成革的使用性能。

染色时要注意液比、温度、pH、匀染剂、固色剂等的控制。低温、小液比、高 pH，加匀染剂有利于染料的均匀渗透；高温、大液比、低 pH，加渗透剂有利于染料的渗透。一般情况下，染料应有鲜艳的色泽，切实可行的染色或着色方法，一定的染色坚牢度，对人体和环境不造成危害。

近年来金属络合染料[7]在皮革工业中的应用越来越广泛，被称为皮革专用染料。目前金属络合染料已涉及除还原染料和阳离子染料之外的整个染料领域，其中偶氮型染料最多也最重要。金属络合染料一般根据金属离子与母体染料的关系分为 1∶1 型和 1∶2 型两种。其中，1∶1 型金属络合染料是指金属离子与染料分子形成的络合染，因为这类染料需要在强酸性介质(pH 小于 2.5)中染色，所以也称为酸性金属络合染料，用于羊毛、丝绸和毛皮着色，还可用作皮革涂饰的着色材料。1∶2 型金属络合染料是指由一种金属离子和两种染料分子形成的络合染料。因为染色通常在接近中性的介质中进行，所以被称为中性染料。一部分 1∶2 型染料常用于皮革涂饰染料，其特点是着色快，尤其是表面染色，遮盖力强。喷雾染色可以加入少量表面活性剂，有助于染色均匀。1∶2 型染料具有良好的耐水、耐汗、耐摩擦、耐光色牢度，也可以组合使用于结合鞣革和植物鞣革的染色。

除此之外，皮革工业中常用染料还可按应用分为酸性染料、直接染料、碱性染料、金属络合染料、活性染料、氧化染料、硫化染料、媒染染料、还原染料、分散染料、油溶与醇溶性染料等。也可以按照染料的化学结构分为偶氮染料、硝基和亚硝基染料、蒽醌染料等。

5. 加脂

除去油脂的裸皮鞣制成的革，在干燥时纤维间缺乏润滑，彼此黏结，导致革身变硬，不耐弯折，粒面易折裂。通过加脂可以将加脂剂中的有效物分布于胶原纤维表面，起隔离、分散和润滑的作用，防止皮革在干燥时因革纤维彼此黏结而变硬；可以提高皮革的延伸性和抗张强度，耐弯折和增加韧性，改善穿用舒适性，提高耐用性；能够增加成革的光泽，提高皮革粒面的滋润感(如油感、蜡感)，赋予绒面良好的丝光感。

皮革生产过程中，一般采用乳液加脂。乳液加脂剂包括油成分、乳化成分和其他成分。目前按照乳化成分的电荷性能差异，加脂剂分为阴离子型加脂剂、阳离子型加脂剂、两性离子型加脂剂和非离子型加脂剂四类。也可以按照油成分或作用性能进行分类。

6. 干燥

染色加脂后的革通过挤水伸展降低含水量，达到成革对水分的要求；同时在机械整理作用下，固定皮革纤维的编织状态，使皮革最后定型，便于之后的整理加工和涂饰。

挂晾干燥、真空干燥和绷板干燥是目前比较常用的干燥方法。想要获得特别柔软、丰满的坯革，挂晾干燥至全干再回潮的方法最有效。真空干燥适用于全粒面革的加工，因为其革面平整细致。全粒面软革在真空预干燥后再挂晾干燥到完全干，能够得到所需的手感，细致、平滑的粒面，有利于涂饰。绷板干燥能够使皮张得到充分的伸展，增大皮革的面积，同时革身内的部分纤维被打断，使成革变得松软。

7. 涂饰

涂饰是将成膜剂、着色剂、添加剂等分散于水或有机溶剂中得到浆状混合物（涂饰剂），通过揩、刷、喷、淋或辊印的方式将其（施）涂于干坯革表面，经过干燥，在革面上形成一层均匀的薄膜的过程。皮革涂饰追求的是在提高皮革使用性能、美观性和产品档次的前提下，突出天然皮革的真皮感。即保持革身丰满、柔软、有弹性，突出革面（粒纹）自然舒适的观感，最大限度地保持天然皮革的卫生性能。

涂饰的目的可以概括为三点：

(1) 提高革的使用性能。未涂饰的革易脏污、防水性差。涂饰相当于在革表面覆盖一层保护膜。涂饰得到的"保护膜"具有一定的耐干湿擦性，同时耐溶剂性及防水性强，不易沾污，易清洁保养，从而提高了革的使用性能。

(2) 提高美观性。在涂饰剂中加入着色剂，形成的涂层可具有一定的色彩，也可通过改变着色剂和涂饰方法生产出各种花色的革。

(3) 适当遮盖革面的伤残和缺陷，提高产品档次。

皮革的品种和用途不同，涂饰的材料和方法也不同。不同整理材料和工艺的应用可以创造新的皮革品种，提高皮革的利用率。皮革涂饰剂的主要成分有成膜剂、着色剂、光亮剂、固色剂、手感剂等。整理溶剂有两种：水和有机溶剂。整理级别一般依次分为底、中、顶。

2.2　超支化聚合物在皮革化学品中的应用

超支化聚合物是由三种重复单元即树枝状支化单元、线型结构单元和末端封端单元构成的一种高分子聚合物材料，是继线型聚合物、支化聚合物、嵌段共聚物、交联聚合物之后发展起来的一类高分子材料。超支化聚合物存在大量几何异构体和不同分子构象，使得支化分子表现为非结晶性和无缠绕性，进而决定了超支化聚合物独特的溶液性质以及本体性质，具有十分广泛的应用空间。

根据特性和皮革加工的具体情况，超支化聚合物在以下几方面具有应用的潜力[8-10]。

1) 用作鞣剂和复鞣剂

与一般的皮革鞣剂和复鞣剂相比，超支化聚合物的端基官能度很大，反应活性很高。如果能使超支化聚合物的端基官能团与皮革纤维分子上的活性基团结合，形成大量牢固的化学键，就可以用作皮革或毛皮的主鞣剂，代替铬鞣剂用作主鞣制作白湿皮，避免铬盐的污染，保护环境。如果进一步进行改性，可制成各种性能的复鞣剂。超支化聚合物也可以用来改性戊二醛，使其与皮革纤维的结合点增多，改善戊二醛鞣革收缩温度低、黄变、撕裂强度低等缺点。

2) 用作涂饰剂及其助剂

由于超支化聚合物分子中可以提供许多末端官能团，并且官能团可以是多种多样的，具有特殊的分子形式，不容易使大分子链缠结，当相对分子质量或浓度增加时，可以保持较低的黏度，从而具有独特的流平性，良好的成膜性和优异的耐化学性、耐候性和力学性能。涂有超支化聚合物涂饰剂的皮革可能具有以下特点：涂层平整，亮度强；由于涂饰剂具有大量的末端活性基团和特殊的支化结构，涂层与皮革的附着力会非常强；涂层不易断裂，耐折度高。由于黏度低，超支化聚合物可以与其他整理剂一起使用，减少稀释剂的用量或不使用稀释剂。另外，由于其特殊的支化结构和大量末端官能团的存在，也可以作为皮革的交联剂。如果将超支化聚合物与丙烯酸树脂整理剂一起使用或用其对丙烯酸树脂进行改性，可以克服丙烯酸树脂"热黏冷脆"的缺点。如果将超支化聚合物和蛋白质整理剂一起使用或用其对蛋白质改性，可以克服蛋白质整理剂易断裂等缺点。此外，超支化聚合物还可以用于紫外光固化皮革涂饰材料和皮革粉末涂料。

3) 用作高吸收铬鞣助剂

超支化聚合物具有大量的端基官能团，若其与三价铬离子络合，可以用作高吸收铬鞣助剂。与一般高吸收的铬鞣助剂相比，超支化聚合物基团更加复杂，可以更好地吸收和固定铬，还可以节约铬盐，减少水中铬的污染，保护环境，达到一举两得的效果。

将超支化聚合物用作铬鞣助剂的研究有：栾世方等制备了一种含有羧基、羟基等多种官能团的大分子铬鞣助剂。该助剂对减少铬、加脂剂和染料用量具有十分明显的效果，还可以降低鞣制废液中的三氧化二铬含量。超支化聚合物可以通过改性制成与上述大分子铬鞣助剂相似(相同的官能团)的助剂，由于官能团更多，效果可能更好，这为合成铬鞣助剂提供了新的方法。

4) 用作六价铬的预防剂

俞从正等[11-13]研究了加脂、加热、紫外线照射和中和 pH 等对皮革中 Cr(VI)形成的影响以及栲胶和加脂助剂对皮革中 Cr(VI)的预防作用。研究结果表明，栲胶分子中的酚羟基对皮革中的 Cr(VI)有很好的预防效果。之后研究了坚木栲胶和荆树皮栲胶对皮革中 Cr(VI)的预防作用，结果表明预防效果显著。如果一种高分子材料含有很多酚羟基，那么它一定也能预防皮革中的 Cr(VI)，超支化聚合物符合此要求，这为人工合成六价铬的预防剂提供了途径。曹胜光等[14]以 3,5-二羟基甲苯和 3,5-二羟基苯甲酸为原料，采用"一锅法"得到一种超支化聚合物，合成路线图见图 2-1。

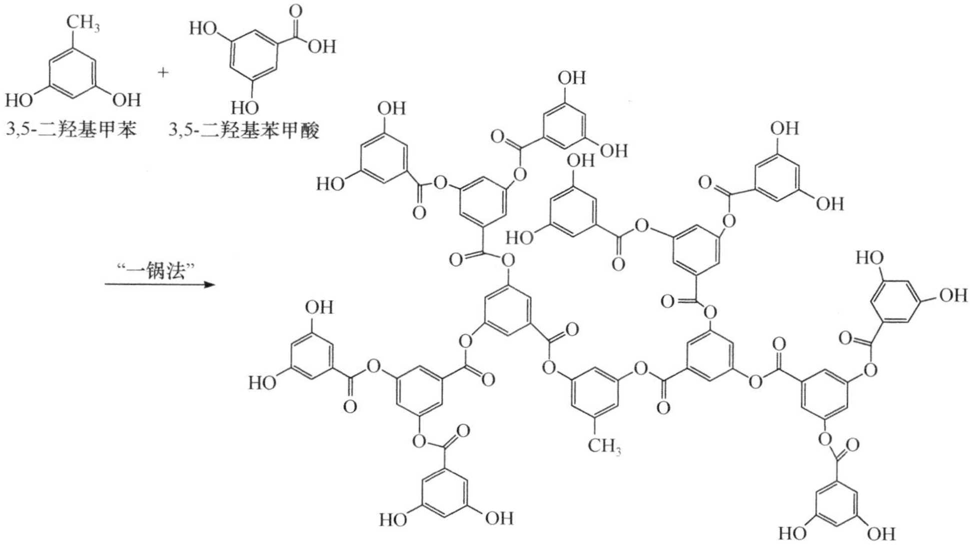

图 2-1　"一锅法"制备超支化聚合物[14]

5) 用作缓释剂

超支化聚合物用作缓释剂时，其分子的各个分支长链把某种物质的分子包裹起来或者其活性基团和该物质结合，在特定条件下控制其分子缓慢释放，从而起到缓释效果。例如，作为浸灰助剂和脱毛助剂使用时可以使硫氢化钠、硫化钠、石灰缓慢释放，这样浸灰和脱毛作用缓和，作用时间持久，有利于保护皮质。

6) 用作匀染剂和固色剂

超支化聚合物分子的各个分支长链把染料分子包裹起来或者其活性基团和染料分子结合，在某种条件下控制染料分子缓慢释放，达到匀染效果。如果使其端基官能团和金属络合染料活性基团络合，也可以用作固色剂。Burkinshaw 等[15]合成的超支化聚酯酰胺可提高聚丙烯纤维染色能力。借鉴他们的方法，也可以合成皮革染色助剂。

7) 用作处理制革污水的絮凝剂

超支化聚合物合成有机高分子絮凝剂，可根据使用需要采用不同的合成方法对碳氢链的长度进行调节，同时可以在碳氢链上引入不同性能的官能团，仅用少量絮凝剂就能达到悬浮固体快速沉降的目的，因此在污水处理中的应用日益广泛。超支化聚合物分子量大，又具有很多支链以及可以与铬离子络合的许多活性基团，因此可以作为高分子絮凝剂处理制革污水中的三价铬离子。

2.2.1　超支化聚合物在鞣制中的应用

　　鞣制是生皮变成革的核心步骤，其关键在于加入的鞣剂与胶原纤维发生多点交联结合，使得胶原纤维间产生多点交联。超支化聚合物具有的大量末端官能团可以与胶原纤维以化学键的形式结合，将胶原纤维缝合起来，从而改善成革性能。例如，借助于超支化聚合物独特的结构与性能，将超支化聚合物与常用于皮革鞣制的金属离子配位结合，制备出具有较大官能度和较高反应活性的超支化-金属鞣剂。超支化聚合物铬鞣助剂与一般的铬鞣助剂相比，其大量末端活性基可络合的 Cr(Ⅲ)离子更多，吸收固定皮革中铬的效果更明显，不仅能改善成革质量，还能有效地减少铬离子带来的污染。

　　于婧等[16]以 CH₂OH 为溶剂，丙烯酸甲酯和二乙醇胺为原料，制得端羟基超支化聚(胺-酯)，并用顺丁烯二酸酐对其进行改性，制备一种具有化结构的铬鞣助剂(HP)，见图 2-2。实验结果表明：在鞣制工艺中，当 HP 用量为 2%时，可以有效减少废液中 Cr₂O₃ 的含量，并且成革对 HP 的吸收率大于 95%，革坯的手感得到提高。

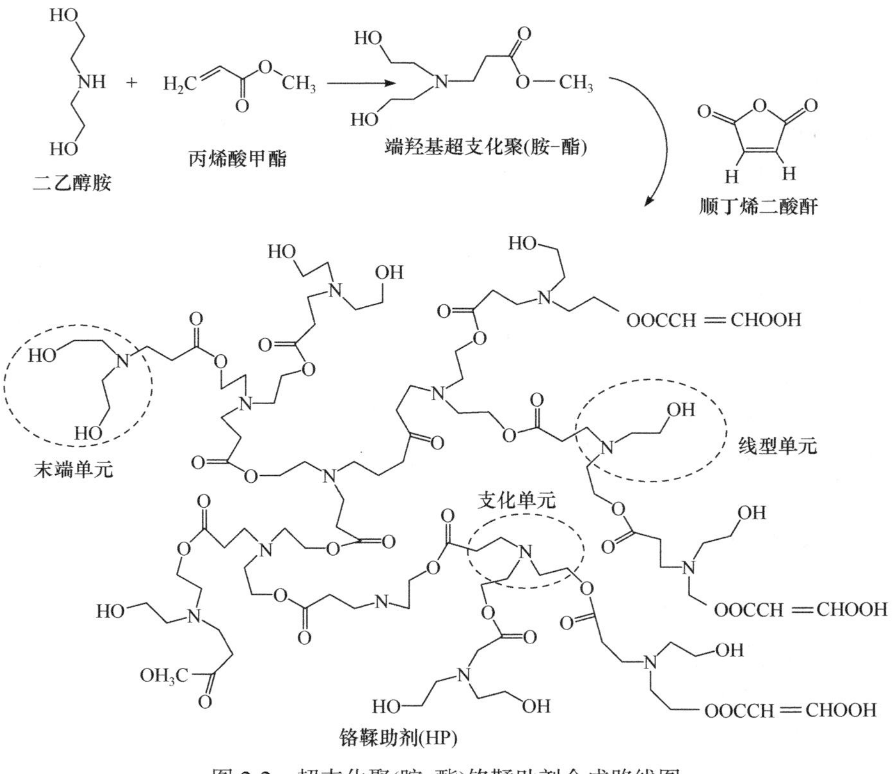

图 2-2　超支化聚(胺-酯)铬鞣助剂合成路线图

　　强西怀等[17]以碳酸钾、均三酚和三聚氯氰为原料合成了一种端羟基超支化聚合物，见图 2-3，并将其应用于皮革鞣制中。实验结果表明，加入该聚合物后，胶原纤维对皮中铬盐的吸收和固定效果都显著增强。当该聚合物用量为 1%时，Cr_2O_3含量由 1.42g/L 降至 0.60g/L，并且坯革的收缩温度(T_s)提升 4℃，成革粒面也更加细致。

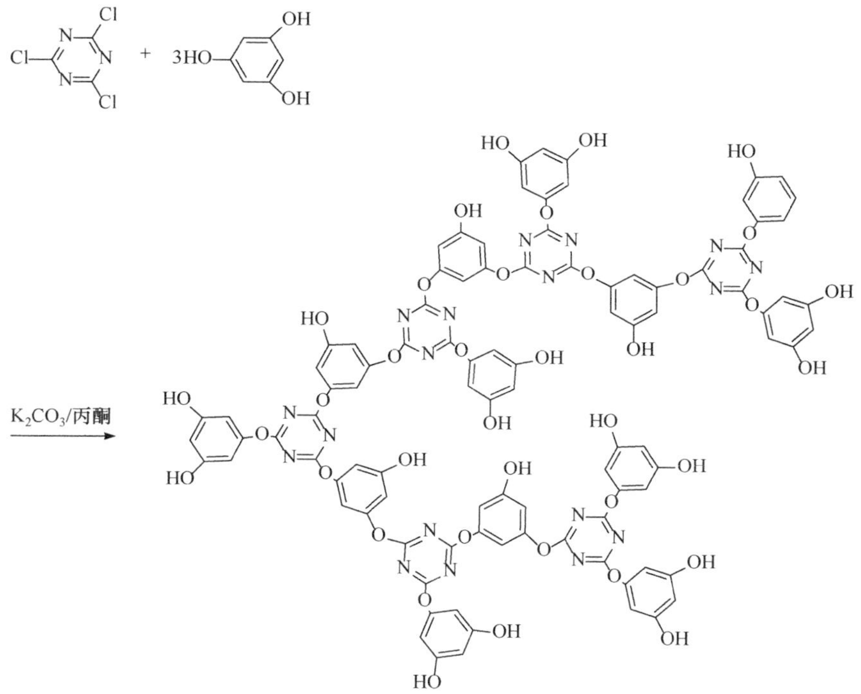

图 2-3　端羟基超支化聚合物合成路线图

　　超支化聚合物不能直接用于皮革的鞣制，但将其与金属离子络合后可以作为一种主鞣剂，在某种程度上替代传统的铬鞣剂，有效改善铬鞣工艺中的污染问题。然而这方面的报道较少。Qiang 等[18]合成了一种端羧基超支化聚合物(HPAE-C)[图 2-4(a)]，将其与硫酸铝进行络合，合成了一种新型的无铬鞣剂(HPC-Al)[图 2-4(b)]。HPC-Al 鞣皮革收缩温度为 79.5℃。这种无铬鞣剂单独应用于鞣革时的成革收缩温度与铝鞣剂单独鞣革时的收缩温度相近，但机械性能和增厚率较后者有一定程度的提高，而且铬复鞣后的废液也较铝鞣剂铬复鞣后的废液清澈。最后，对鞣制后的皮革进行了环境影响评估，其生化需氧量、总溶解固体量和总悬浮物量都有所下降。研究表明，HPC-Al 可以作为一种鞣剂，应用于皮革无铬鞣或少铬鞣工艺中。

除与金属离子络合之外，超支化聚合物还可以与醛鞣剂结合，增加醛鞣剂与胶原纤维之间的活性位点，提高鞣制效应。例如，采用超支化聚合物改性戊二醛，可以增强其与胶原纤维的结合，显著改善单独使用戊二醛鞣制后成革收缩温度低、易黄变、撕裂强度低等问题。

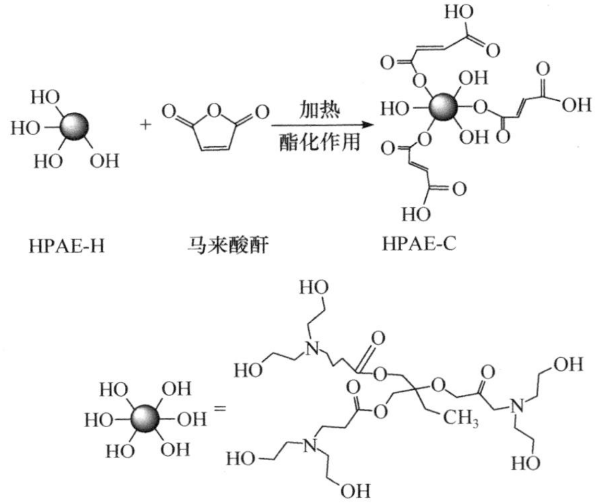

(a) 端羧基超支化聚合物

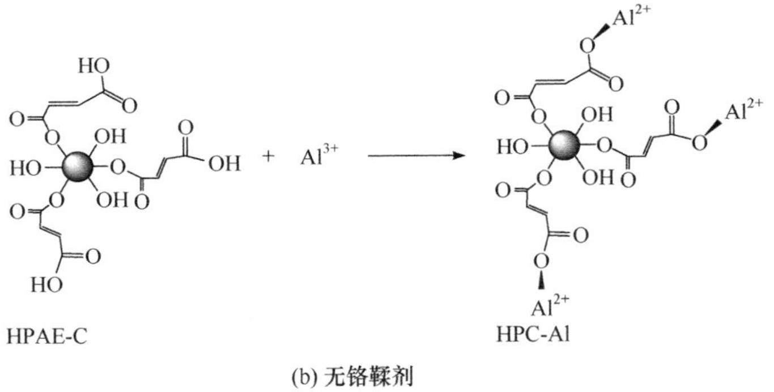

(b) 无铬鞣剂

图 2-4　端羧基超支化聚合物(HPAE-C)与无铬鞣剂(HPC-Al)的合成路线图

2.2.2　超支化聚合物在复鞣中的应用

复鞣是主鞣之后的一道工序，是对皮革制品的补充鞣制，常被誉为现代制革技术中的"点金术"，因此在补充鞣制过程中选用的复鞣剂至关重要。丙烯酸树脂复鞣剂是制革过程中常用的复鞣剂，具有一定的填充性能，可以有效地减轻皮革部位差和松面，赋予皮革丰满、柔软的性能。然而，丙烯酸树脂复鞣剂是一种线型结构的分子，具有活性位点少、结构单一等较为明显的缺点，在渗透进入皮革后不能与皮革胶原纤维形成对位结合，容易被水洗出来，导致鞣制后的皮革干、脆且粒面粗糙，皮革的手感变差。随着科学技术的进步，人们发现超支化聚合物的外围存在大量的活性官能团，将其引入皮革的生产工序中，会与皮革胶原纤维上的官能团等形成氢键，或与铬形成配位键，使胶原纤维发生交联，是一种潜在的鞣剂。但是由于氢键作用远弱于配位键，研究中通常将其用作复鞣剂或助鞣剂。超支化聚合物用作皮革复鞣剂吸收结合能力强，可以赋予成革特殊性能，如增加成革柔软性、使粒面摸起来更加细致和饱满等。

　　高翔[19]用 N, N-亚甲基双丙烯胺合成端氨基超支化聚合物，具体合成路线见图 2-5。将上述端氨基超支化聚合物应用于绵羊皮服装革复鞣中，具体工艺见表 2-1。

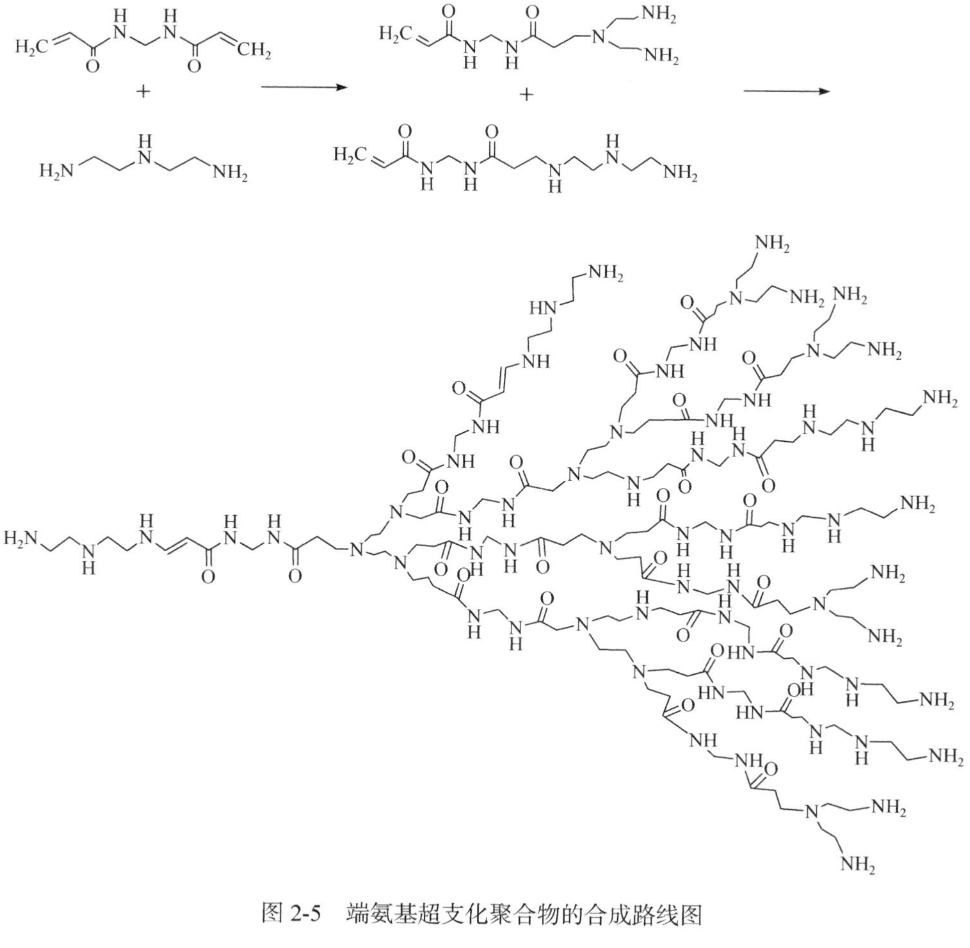

图 2-5　端氨基超支化聚合物的合成路线图

表 2-1　绵羊皮服装革复鞣工艺

工序	化料	用量/%	时间/min	温度/℃	pH	备注
回水	水	200	—	40	—	—
	脱脂剂 (DESOAGEN DN)	1.5	40	—	—	—
	甲酸	0.5	20	—	3.8	—
水洗	水	200	10	40	—	—
铬复鞣	水	100	—	40	—	—
	铬复鞣剂(Tankrom FS)	3	120	—	—	—
	小苏打	0.5～1	2×30+60	—	3.8～4.1	—
停鼓过夜						
水洗	水	200	30	40	—	—
中和	水	100	—	40	—	—
	中和剂(DESOTAN NT)	2.0		—	—	—
	小苏打	0.5	30	—	—	—
	小苏打	1	2×20+30	—	5.5～5.8	检查切口
水洗	水	200	30	40	—	测厚度
复鞣	水	100	—	40	—	—
	NH$_2$-HBP	6	60	—	—	—
水洗	水	200	—	40	—	—
加脂染色	水	150		50	—	—
	加脂剂 (DESOPON SK70)	18	30	—	—	—
	黑色染料 (DESOSTAR BLACK-FN)	2	60	—	—	—
	甲酸	1	30	—	3.5～4.0	收集染液,测上染率
水洗	水	200	10	40	—	测厚度
挂晾干燥						

　　另外,研究了端氨基超支化聚合物(NH$_2$-HBP)对皮革厚度、面积及物理机械性能[19]的影响。表 2-2 为绵羊皮服装革复鞣工艺条件下,对皮革样品厚度和面积的检测结果。由表可以看出,空白样边腹部增厚率大于背脊部增厚率,主要原因是实验选择的加脂剂具有较好地选择填充效果。加入 NH$_2$-HBP 的坯革,其背脊部

增厚率与边腹部增厚率较空白样均有所提高，平均增厚率由空白样的 10.33%提高至 11.18%，但增厚效果不明显。经 GPC 检测结果显示，NH_2-HBP 的相对分子质量分布较宽，其数均分子量最高为 2088，与丙烯酸类树脂复鞣剂分子相比，NH_2-HBP 的分子量较小，使得其与丙烯酸类树脂复鞣剂在皮中的作用不同，对皮革胶原纤维间的填充作用较小。因此，NH_2-HBP 对增厚率的提高作用不明显。

表 2-2　皮革样品厚度和面积的检测结果

项目	空白样	加入 NH_2-HBP 的坯革
背脊部增厚率/%	9.86	11.05
边腹部增厚率/%	10.79	11.30
平均增厚率/%	10.33	11.18

表 2-3 为绵羊皮服装革复鞣工艺条件下，皮革样品物理机械性能的检测结果。由表可知，加入 NH_2-HBP 的坯革与空白样相比，其横向、纵向和平均 T_s 均明显提高，平均 T_s 提高了 4.4℃，这是因为 NH_2-HBP 的引入可以增加胶原纤维之间的多点结合，从而增加皮革胶原的结构稳定性，提高了皮革的 T_s。相较于空白样，加入 NH_2-HBP 的坯革，物理机械性能显著提高，平均抗张强度提高 35.54%，平均撕裂强度提高了 47.31%。这是因为 NH_2-HBP 与胶原纤维之间的多点交联有效地抑制了纤维受到轴向拉力作用时产生的变形，提高了革样的抗张强度和撕裂强度。柔软度检测结果表明，加入 NH_2-HBP 的坯革，柔软度稍有降低，这是因为加入 NH_2-HBP 后，NH_2-HBP 与皮革胶原纤维产生多点交联，这种交联作用在一定程度上限制了胶原纤维之间的相对自由滑动，也改变了胶原纤维束的松散程度，使纤维的编织更为紧密，进而降低了皮革的柔软度。

表 2-3　皮革样品物理机械性能的检测结果

项目	空白样	加入 NH_2-HBP 的坯革
横向 T_s/℃	115.2	120.1
纵向 T_s/℃	113.8	117.7
平均 T_s/℃	114.5	118.9
横向抗张强度/$(N \cdot mm^{-2})$	10.33	14.78
纵向抗张强度/$(N \cdot mm^{-2})$	13.18	17.10
平均抗张强度/$(N \cdot mm^{-2})$	11.76	15.94
横向撕裂强度/$(N \cdot mm^{-1})$	20.66	32.46
纵向撕裂强度/$(N \cdot mm^{-1})$	24.27	33.73
平均撕裂强度/$(N \cdot mm^{-1})$	22.47	33.10
柔软度	8.9	8.4

　　陈华林等[20]利用超支化聚合物与丙烯酸单体合成一种具有超支化结构的丙烯酸类复鞣剂，见图 2-6。将其应用到皮革复鞣工序中，发现不仅提高了皮革的粒面细致程度，而且有效地降低了铬鞣剂的用量，为实现制革工业清洁化奠定了基础。

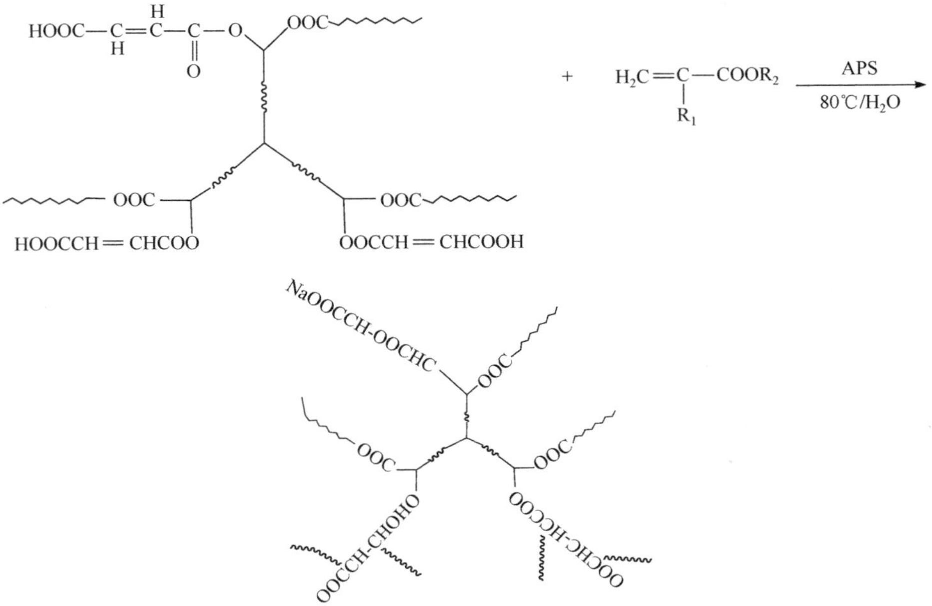

图 2-6　具有超支化结构的丙烯酸类复鞣剂合成路线图

　　王学川等[21]采用"一步法"以 *N, N*-二羟乙基-3-氨基丙酸甲酯为单体，以三羟甲基丙烷为成核分子，在催化剂对甲苯磺酸的作用下，合成了一系列超支化复鞣剂，见图 2-7。将其与丙烯酰胺(AM)栲胶分别对猪二层蓝湿革进行复鞣处理，结果表明，新型超支化复鞣剂复鞣处理后的皮革，透气性和抗裂强度等优于 AM 栲胶复鞣处理后的皮革，并且新型超支化复鞣剂的代数越高，其效果越明显。

　　袁绪政[22]以丁二酸酐和二乙醇胺为单体(其酰胺化反应见图 2-8)，用"一步法"在一定条件下制得 HP-I，见图 2-9，再用无水戊二醛改性，制得含醛基和羟基的超支化聚合物皮革复鞣剂(HR-I)，见图 2-10。实验结果表明，HR-I 的水溶性、耐酸碱性和耐盐稳定性良好。将 HR-I 应用于猪二层蓝湿革复鞣工序中，同时与酚醛单宁 PF-210 复鞣剂做对比试验，结果表明，HR-I 有很好的复鞣增强作用，复鞣后的革撕裂强度比酚醛单宁 PF-210 复鞣后的革撕裂强度高 30.5%，抗张强度两者相当。此外，HR-I 复鞣后的革较柔软、丰满。

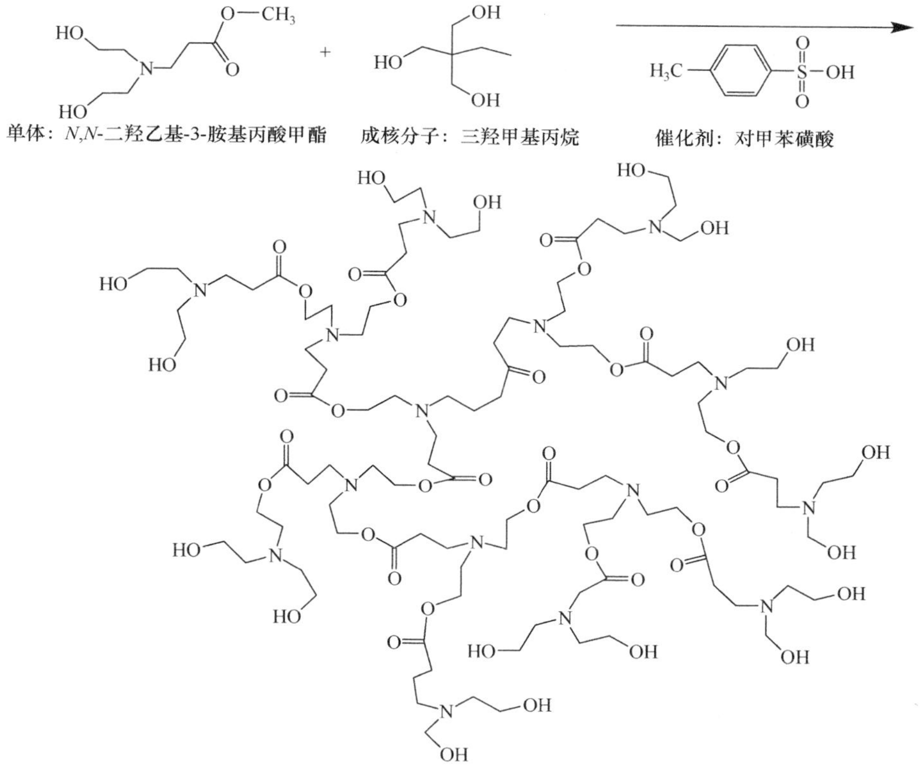
单体：N,N-二羟乙基-3-胺基丙酸甲酯
成核分子：三羟甲基丙烷
催化剂：对甲苯磺酸

图 2-7　超支化聚(胺-酯)的合成路线图

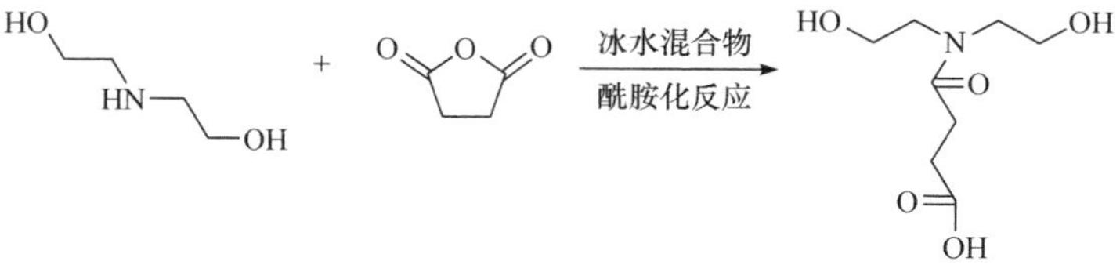
冰水混合物
酰胺化反应

图 2-8　丁二酸酐和二乙醇胺的酰胺化反应

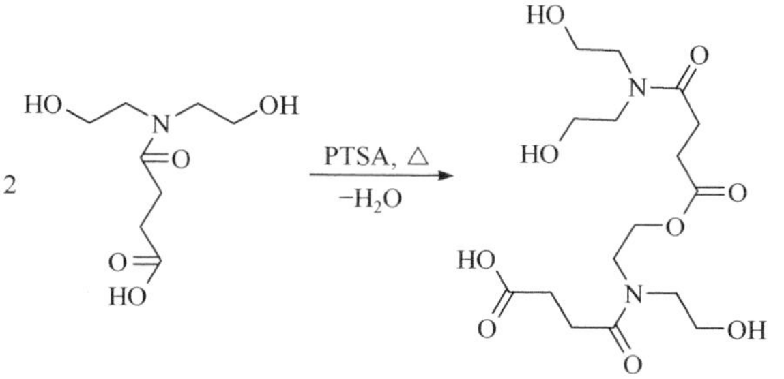
PTSA, △
−H2O

图 2-9　HP-Ⅰ的合成路线图

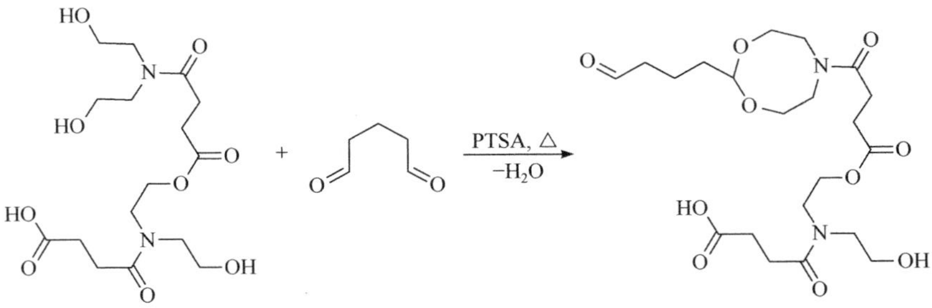

图 2-10　HR-Ⅰ的合成路线图

袁绪政[22]以 DEA 和丙烯酸甲酯(MA)为原料,通过迈克尔加成反应制得 AB₂ 型单体(N, N-二羟乙基-3-氨基丙酸甲酯),见图 2-11;接着由"有核一步法"在对甲苯磺酰胺(PTSA)为催化剂的条件下,使单体与核(三羟甲基丙烷, TMP)通过酯交换反应制得 HP-Ⅱ,见图 2-12;最后使用丙二酸二乙酯(DEM),在无水 K_2CO_3 为催化剂的条件下,通过酯交换反应对 HP-Ⅱ进行端基改性,从而制备活泼亚甲

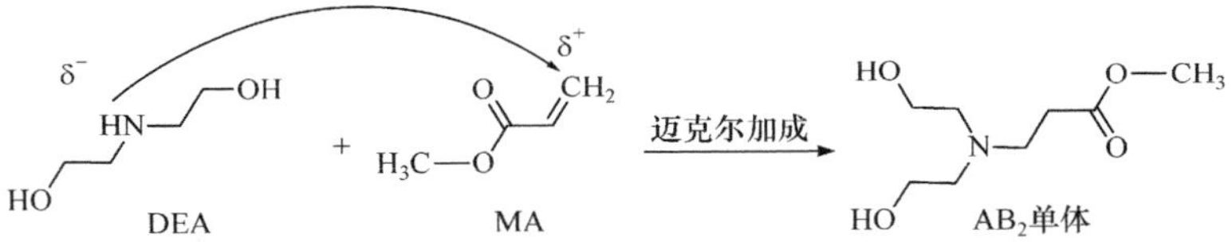

图 2-11　AB₂型单体的合成路线图

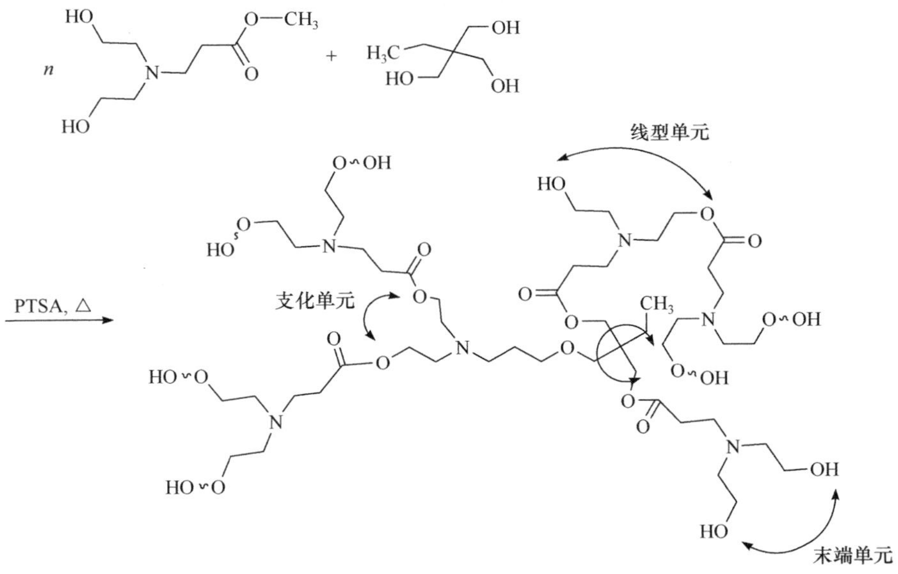

图 2-12　HP-Ⅱ的合成路线图

基类超支化聚合物(HPAM)。将其应用于绵羊皮蓝湿革的复鞣中考察其对铬鞣革复鞣性能的影响，实验结果表明，G_1(第一代 HP-Ⅱ)对皮样漂白作用明显，白度值增幅为 19.8%；G_3(第三代 HP-Ⅱ)可以显著提高铬鞣革撕裂强度，增幅为 23.3%，抗张强度的增幅为 11.3%。

2.2.3　超支化聚合物在染色中的应用

超支化聚合物分子的不规则形状使其内部具有大量的特殊空腔，这些空腔可以将染料分子紧紧地包裹起来，也可以将其末端的活性官能团与染料分子结合，通过调节应用条件控制染料分子的释放速度，起到匀染效果。如果将其末端的活性官能团与染料分子结合，也可以应用于皮革染色的固色中，达到匀染、固色的效果。此外，将超支化聚合物与聚丙烯纤维共混改性，可显著改善聚丙烯纤维的染色性能。

高翔[19]用 N, N-亚甲基双丙烯胺得到端氨基超支化聚合物，具体合成路线见图 2-13。将端氨基超支化聚合物应用在绵羊皮服装革固色工艺中，具体工艺见表 2-4。

表 2-4　绵羊皮服装革固色工艺

工序	化料	用量/%	时间/min	温度/℃	pH	备注
回水	水	200	—	40	—	—
	脱脂剂 (DESOAGEN DN)	1.5	40	—	—	—
	甲酸	0.5	20	—	3.8	—
水洗	水	200	10	40	—	—
铬复鞣	水	100	—	40	—	—
	铬复鞣剂 (Tankrom FS)	3	120	—	—	—
	小苏打	0.5～1	2×30+60	—	3.8～4.1	—
停鼓过夜						
水洗	水	200	30	40	—	—
中和	水	100	—	40	—	—
	中和剂 (DESOTAN NT)	2.0	—	—	—	—
	小苏打	0.5	30	—	—	—
	小苏打	1	2×20+30	—	5.5～5.8	检查切口
水洗	水	200	30	40	—	—
复鞣	水	100	—	40	—	—
	复鞣填充剂 (DESOATEN A-17)	6	60	—	—	—
水洗	水	200	—	40	—	测厚度

续表

工序	化料	用量/%	时间/min	温度/℃	pH	备注
加脂、染色	水	150	—	50	—	—
	DESOPON SK70	18	30	—	—	—
	黑色染料(DESOSTAR BLACK-FN)	2	60	—	—	—
	甲酸	1	30	—	3.5~4	—
	NH₂-HBP	X	30	—	—	收集染液，测上染率
水洗	水	200	10	40	—	测厚度
挂晾干燥						

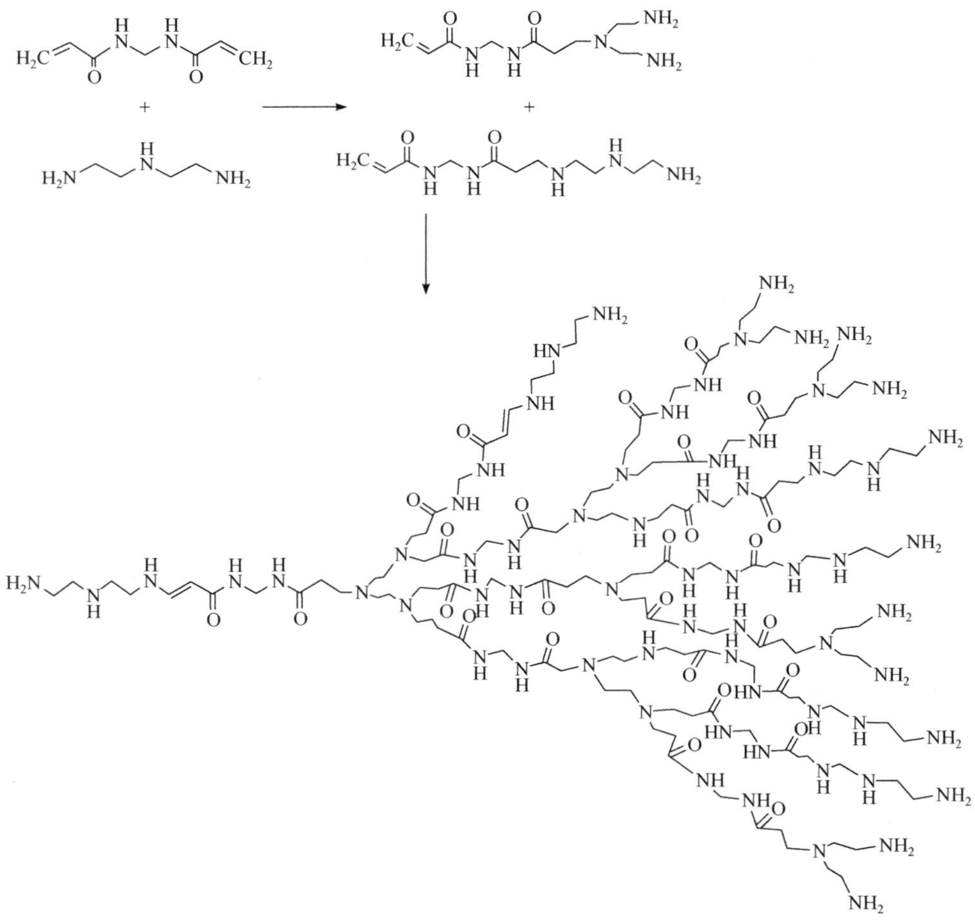

图 2-13　端氨基超支化聚合物的合成路线图

另外，研究了端氨基超支化聚合物(NH₂-HBP)的加入顺序对染色性能的影响[19]。表 2-5 为不同 NH₂-HBP 的加入顺序对染色性能的测试结果。由表可知，2号、3 号坯革的上染率有所提高，其中 3 号坯革的上染率最好，为 99.97%。因为皮革染料为阴离子染料，阴离子染料与胶原纤维中的带正点的氨基(—NH_3^+)以阳离子键结合，所以 NH₂-HBP 的加入增加了皮革胶原纤维中能与染料结合的作用点，从而增加了染料的上染率。

表 2-5　NH₂-HBP 的加入顺序对染色性能的测试结果

项目	1 号坯革	2 号坯革	3 号坯革
实验方案	不加 NH₂-HBP	甲酸固色前加入 NH₂-HBP	甲酸固色后加入 NH₂-HBP
上染率/%	94.56	99.35	99.97
耐干擦牢度	3～4	3	4
耐湿擦牢度	2～3	1～2	3～4

与 1 号坯革相比，2 号坯革的耐干、湿擦牢度均下降，而 3 号坯革的耐干、湿擦牢度都有所提高。原因是 NH₂-HBP 在甲酸之前加入，NH₂-HBP 主要与坯革表面染料和浴液中染料结合，因此染料与胶原纤维结合很少，即使后期再加入甲酸固定，耐干、湿擦牢度也并未得到改善；NH₂-HBP 在甲酸之后加入，NH₂-HBP 增加了染液与胶原纤维的结合，因此坯革的耐干、湿擦牢度增加。

NH₂-HBP 用量对皮革染色性能的影响[19]见表 2-6。

表 2-6　不同 NH₂-HBP 用量下绵羊皮服装革的染色性能测试结果

NH₂-HBP 用量/%	上染率/%	耐干擦牢度	耐湿擦牢度
0	94.56	3～4	2～3
0.2	96.42	3～4	3
0.4	98.61	4	3～4
0.6	99.97	4	3～4
0.8	99.97	4	3～4
1	99.97	4	3～4

由表 2-6 可知，随着 NH₂-HBP 用量的增加，坯革的上染率增加，当 NH₂-HBP 的用量为 0.6%时，坯革的上染率达到较理想状态。

刘翠华等[23]将两亲性超支化聚砜胺用于小分子装载，其合成路线见图 2-14，发现其对刚果红、虎红、甲基橙等水溶性染料具有较强的装载能力。

马茶等[24]通过收敛法合成了二代丹磺酰基为核、活泼羟乙基为外围基团的新型树枝状化合物，见图 2-15。随着树枝状产物代数的增加，荧光强度成倍增强。

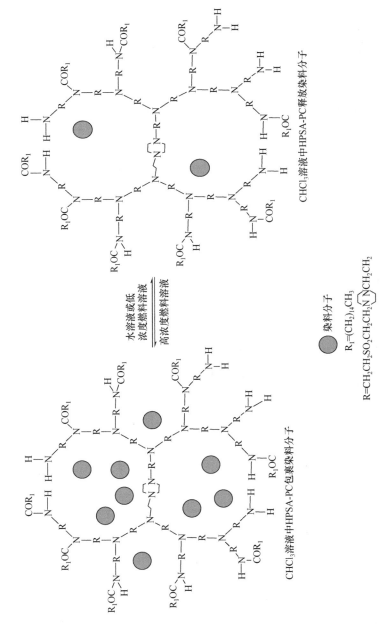

图2-14　两亲性超支化聚砜胺合成路线图

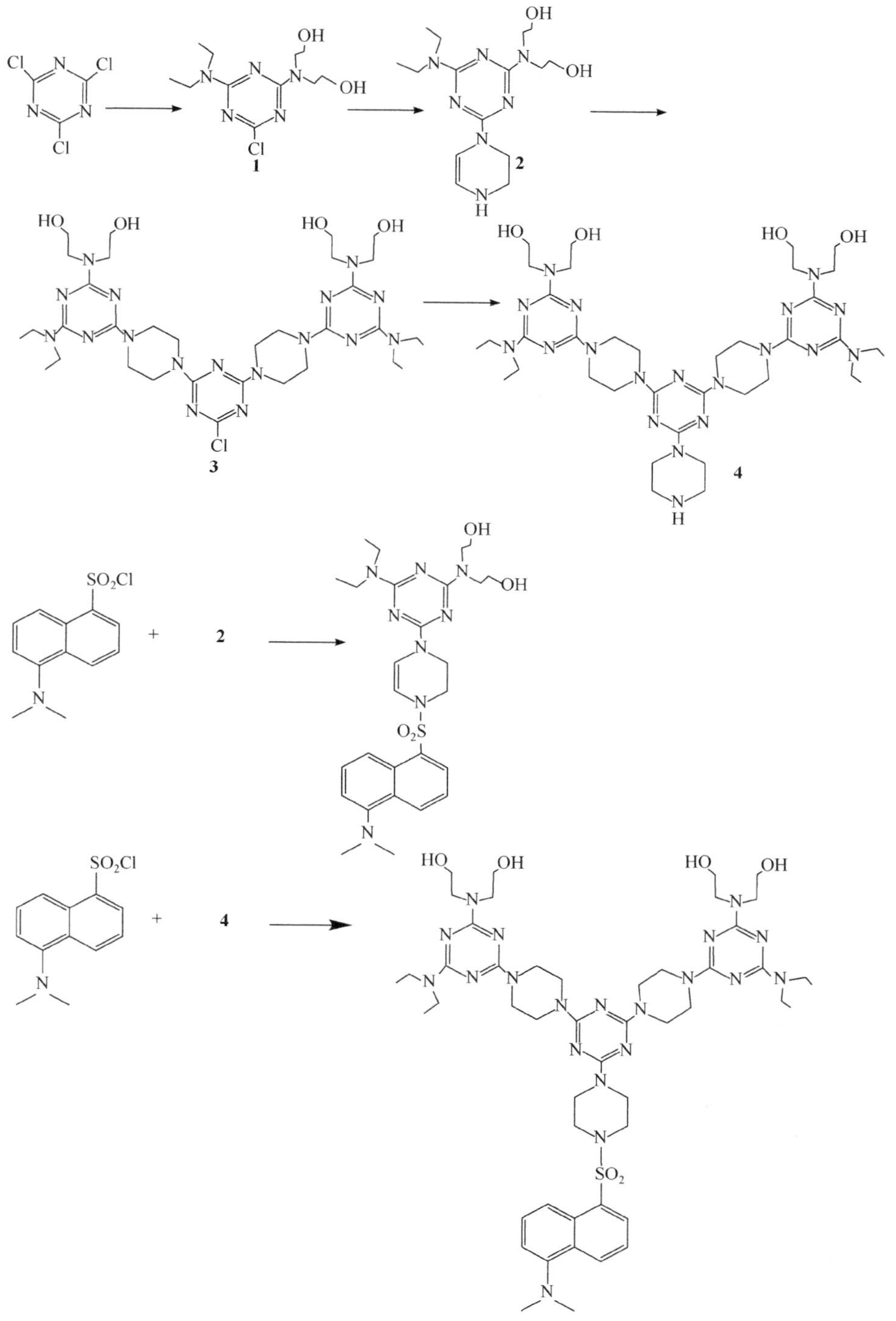

图 2-15　丹磺酰基树枝状化合物的合成路线图

Burkinshaw 等[25]合成了一种超支化聚酯酰胺，合成路线见图 2-16，该聚合物可提高聚丙烯纤维染色能力。

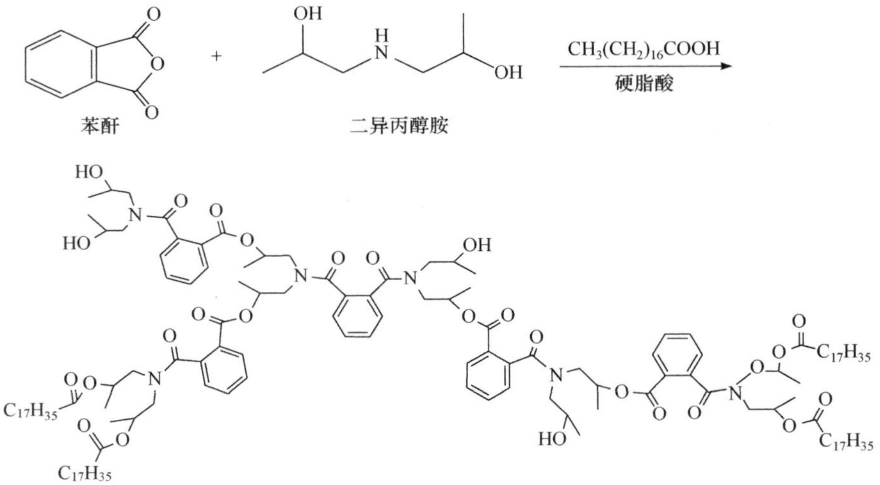

苯酐　　　二异丙醇胺

图 2-16　超支化聚酯酰胺合成路线图

2.2.4　超支化聚合物在加脂中的应用

虽然加脂剂的类型多样，但是基本组成都含有亲水基团和亲油基团，再添加无机盐和挥发性组分(水和其他溶剂)。超支化大分子的端基可以设计为亲水(或亲油)结构，在此基础上端基改性或者接枝长链，可得到两亲性超支化聚合物。

目前，两亲性超支化聚合物的合成方法主要包括以下两种：第一种是亲水性(或亲油性)的超支化大分子与具有亲油性(或亲水性)的线型分子发生反应，合成线型树枝状两亲性超支化聚合物，其结构类似于传统的表面活性剂，一端亲水基，另一端亲油基；第二种是以树枝状超支化大分子为基底，通过接枝多个线型分子合成一种线型树枝状两亲性超支化聚合物，其结构与超支化聚合物结构类似，整体呈三维立体结构，外部依然有多个端基，但是其端基是线型的长链分子，这些长链的分子主要是用于亲水(或亲油)性能的提升。王学川等[26]以带疏水长链的十一烯酸与端羟基聚合物酯化聚合制备出一种多端烯基聚合物(HPAE-UA)，然后将HPAE-UA 应用于服装用绵羊皮的加脂工序中，结果表明，HPAE-UA 对皮革具有明显的加脂作用。经 HPAE-UA 加脂后坯革的物理机械性能、柔软性和静态吸水率等均明显增加。

　　此外，王学川等[27-28]以端羟基超支化聚酯和顺丁烯二酸酐为原料，合成端羧基线型超支化聚酯(MHBP$_x$)，见图 2-17，然后进行中和反应，制备出三代产物(MHBP$_1$、MHBP$_2$、MHBP$_3$)。将 MHBP$_x$应用于绵羊皮加脂工艺，三代产品对成革增厚率、部位差降低率、柔软度、机械强度及透水气性均有优化，说明改性后的超支化大分子具有一定的加脂效果。

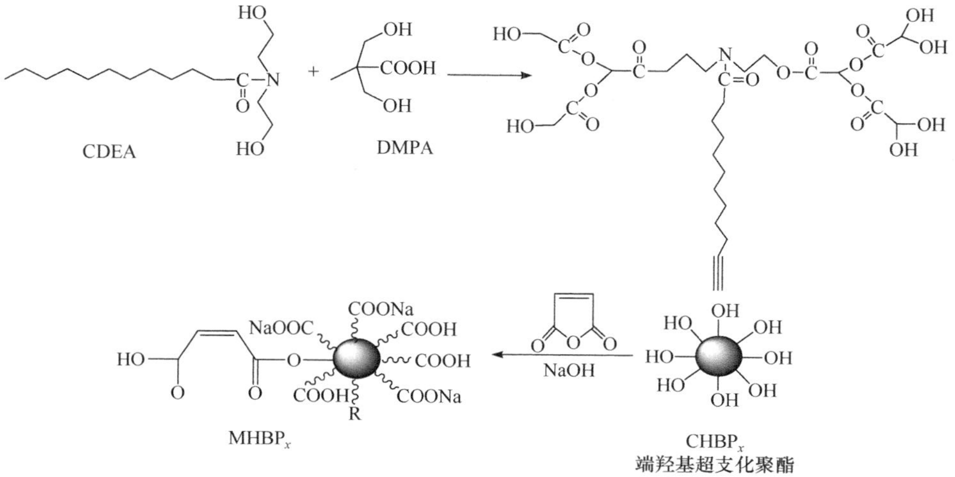

CDEA　　　　DMPA

MHBP$_x$

CHBP$_x$
端羟基超支化聚酯

图 2-17　端羧基线型超支化聚酯合成路线图

　　Qiang 等[29-30]以三羟甲基丙烷和 N, N-二羟基乙基十二胺-3-胺-丙酸甲酯(AB$_2$型单体)为原料，用油酸改性第一代端羟基超支化聚合物(HBP-1)制备了一系列超支化线型表面活性剂(HLS)，见图 2-18。通过丙烯酸甲酯与二乙醇胺的迈克尔加成反应，得到 AB$_2$型线型单体，合成出具有填充、结合、助软的多功能的加脂剂，应用前景良好。

　　王学川等[31]以季戊四醇和 N, N-二羟乙基-3-氨基丙酸甲酯为原料，合成多羟基超支化聚合物(HPAE)，在对甲苯磺酸的催化下，使用十一烯酸对 HPAE 进行改性，制备出一系列不同接枝度的多端烯基聚合物(HPAE-UA)，见图 2-19。将 HPAE-UA 应用于皮革复鞣工序中，发现复鞣后的皮革不仅热收缩温度及物理力学性能有所提高，而且皮革的手感也有一定的改善，体现了加脂复鞣的功能。

　　秦媛媛[32]用十二烷基缩水甘油醚(AGE)分别对端氨基聚酰胺-胺(G1 PAMAM-NH$_2$)和端羧基型聚酰胺-胺(G1 PAMAM-COOH)进行单端改性，合成两种新型树枝状线型加脂剂，见图 2-20 和图 2-21，并应用于皮革加脂工序。结果表明，新型树枝状线型加脂剂渗入蓝湿革后与胶原蛋白分子间形成了较强的相互作用，使蓝湿革内胶原纤维束更为紧密。

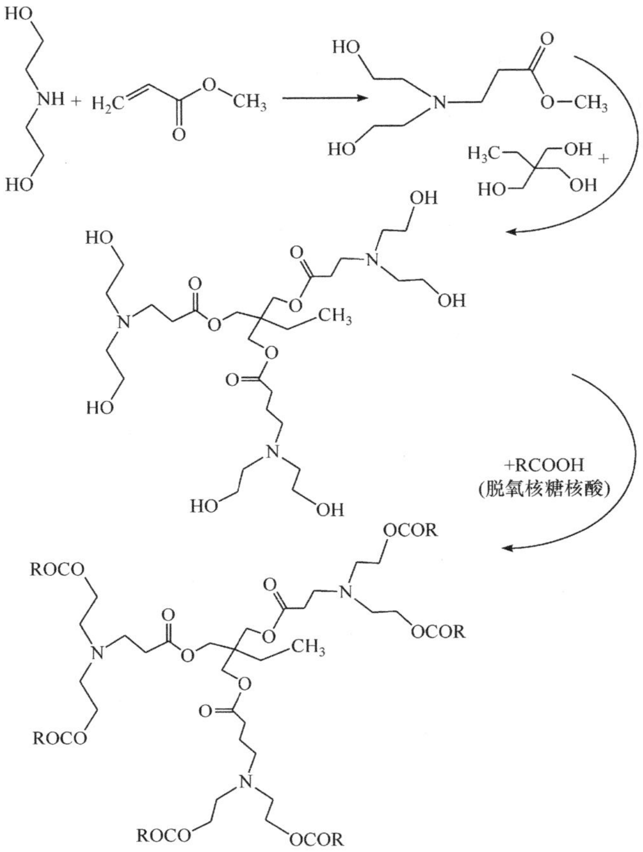

图 2-18　超支化线型表面活性剂合成路线图

秦树法等[33]运用分子设计原理，首先利用迈克尔加成反应[图 2-22(a)]和酰胺化反应[图 2-22(b)]，制备了外围含有 8 个氨基的 2G PAMAM 树枝状大分子。然后，将其与菜籽油反应，制备了一种兼具填充、复鞣功能的综合性多支化加脂剂。

2.2.5　超支化聚合物在涂饰中的应用

超支化聚合物由于特殊的支化结构表现出非结晶性质，通常为无定形态。支化结构使分子链之间不易缠结，当相对分子质量增加或浓度提升到一定值时，其黏度相对较低，从而具有一定的流动性和良好的成膜性。同时，超支化聚合物具有大量的活性端基，涂层与皮革黏结牢固，不易断裂，具有较高的耐久性。将其与其他涂饰剂一起使用时，可减少稀释剂的用量，从而降低成本、减少污染，有利于发展清洁化生产工艺。

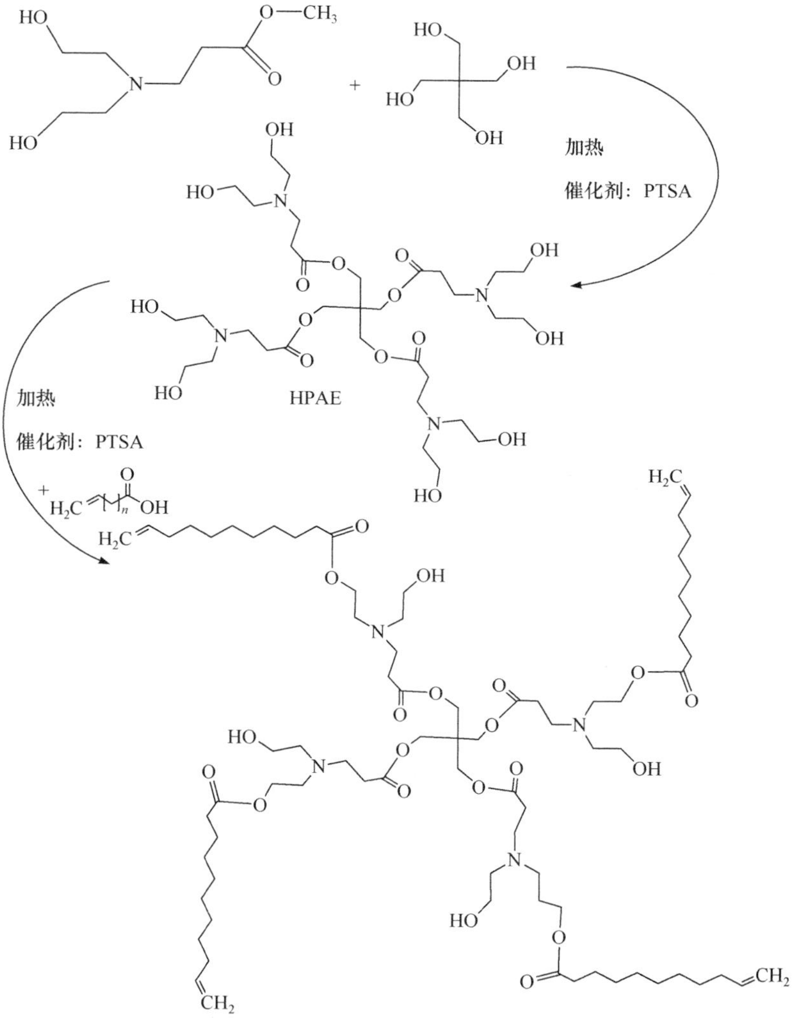

图 2-19　多端烯基聚合物的合成示意图

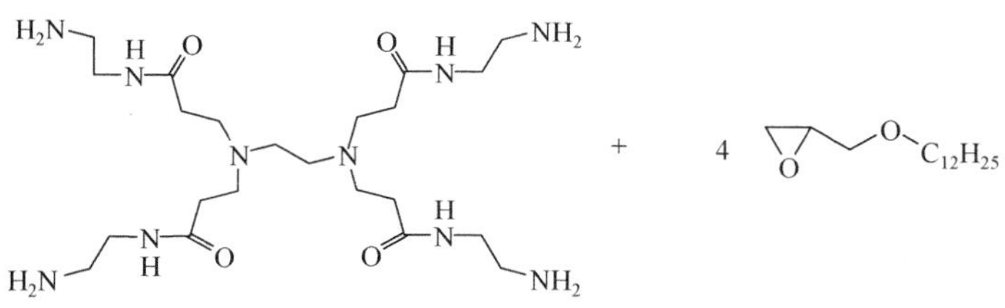

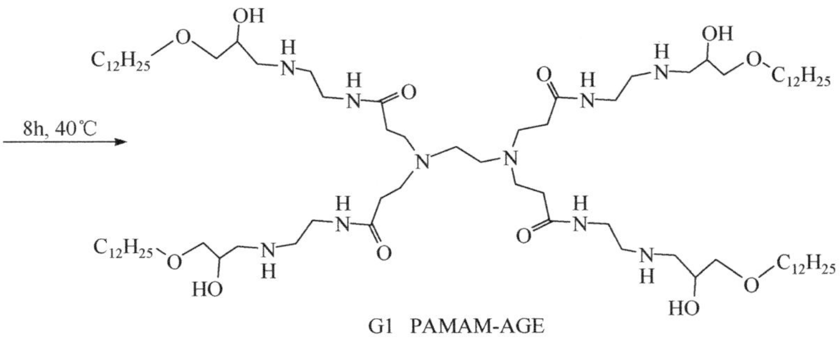

G1 PAMAM-AGE

图 2-20　树枝状线型大分子 G1 PAMAM-AGE 的合成示意图

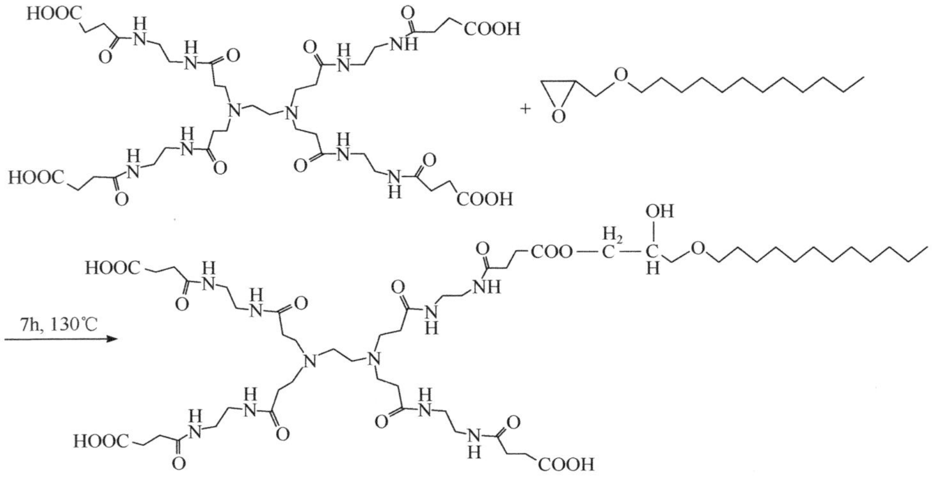

图 2-21　端羧基树枝状线型表面活性剂的合成示意图

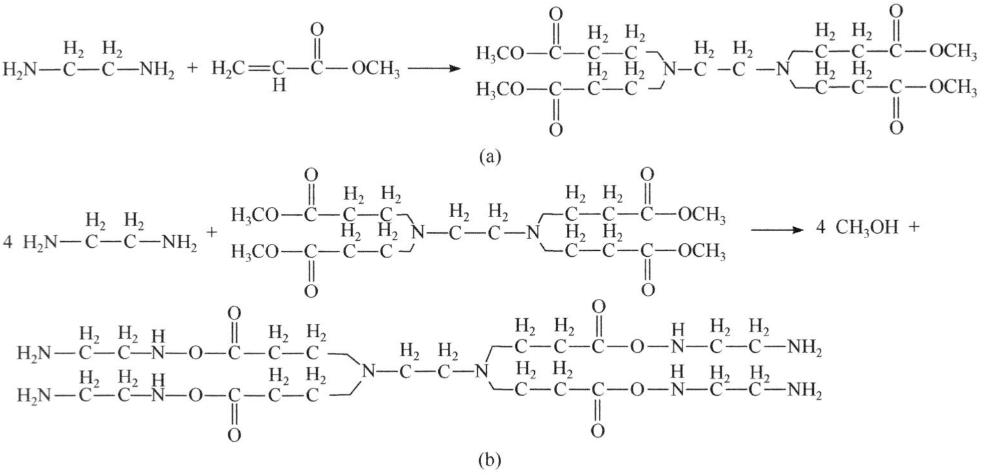

(a)

(b)

图 2-22　聚酰胺-胺树枝状大分子的合成示意图

氟碳聚合物表面活性比较高，具有化学惰性，不容易和其他物质反应，同时具有良好的生物相容性。将氟碳聚合物接枝到超支化聚合物中，为皮革化学品带来多种功能化改性。

李明等[34]成功制备出以氟碳链为端基的超支化聚合物，见图 2-23。其中，为了提高羟基的反应率，将超支化聚缩水甘油外围的端羟基保护起来，让内部羟基先参与反应，再通过解保护，让外部的端羟基也参与反应，从而使更多的端羟基参与反应。反应率由 22.8%提升至 40.5%。将其用作涂饰剂，可以克服传统涂饰剂抗化学品性和抗老化性差等缺点，同时因其黏度较低，可与其他涂饰剂复配使用，从而减少或避免有机稀释剂的使用，是一种具有优良性能的绿色皮革涂饰剂。

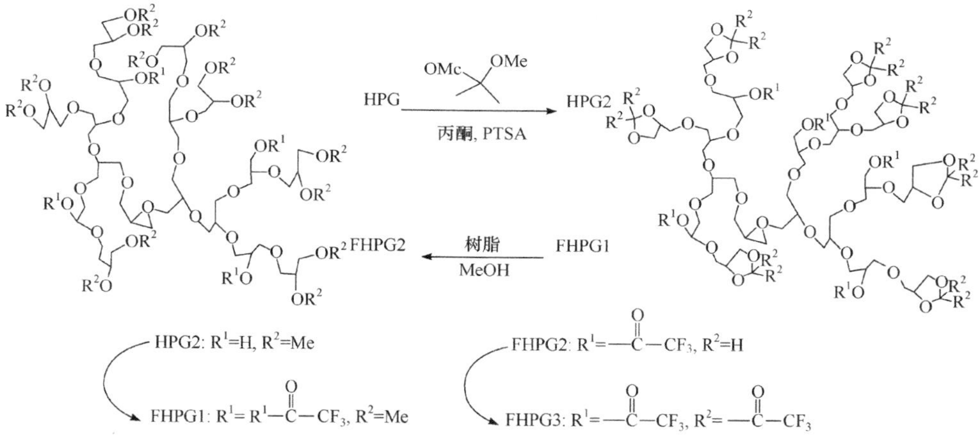

图 2-23　氟碳端基超支化聚合物的合成示意图

普通的聚氨酯涂饰剂是由多异氰酸酯与多元羟基化合物作用而成的高分子化合物，而超支化聚氨酯的合成是以超支化多羟基聚合物代替多羟基化合物与多异氰酸酯反应。超支化聚合物由于具有黏度低、单分散性、易成膜性、较好的化学惰性和较高的力学性能，涂层平整连续，光泽度高，耐干、湿擦性和耐热性良好，而且黏结牢固。另外由于超支化聚合物涂饰剂具有高溶解性，可以减少对溶剂的使用，降低对人和环境的危害[35-36]。

王学川等[37]以二乙醇胺和丁二酸酐为原料，制备了一种新型羧酸型亲水单体（DMCA），然后分别用制备的 DMCA、市售二羟甲基丙酸和市售二羟甲基丁酸与一代端羟基超支化聚胺-酯、异弗尔酮二异氰酸酯、1,4-丁二醇反应得到了三种超支化水性聚氨酯皮革涂饰剂，见图 2-24。结果显示，以 DMCA 为亲水单体制备的聚氨酯其结晶性能更为优异，成膜表面更为均匀，表面平整度更好，而吸水率和耐溶剂性与市售亲水单体相当。

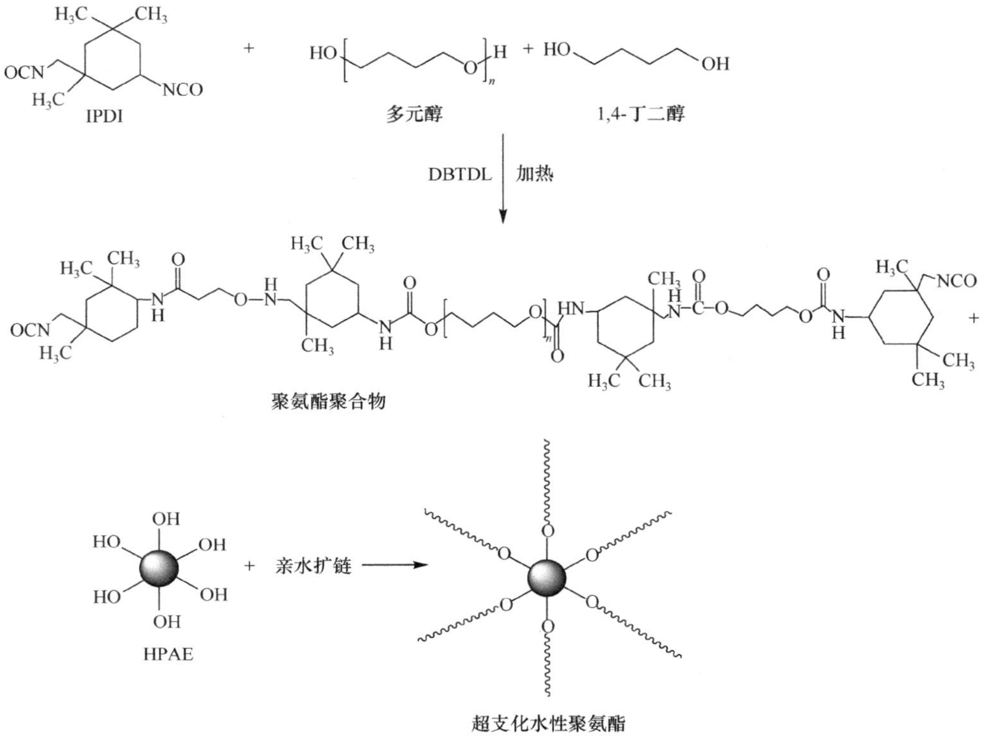

图 2-24　超支化水性聚氨酯的合成示意图

2.2.6　超支化聚合物在制革废水处理中的应用

随着现代工业的迅猛发展，重金属污染问题日益严峻。其中，产生含有大量铬离子废水的皮革工业领域成为人们关注的焦点。制革废水的排放不仅污染生态环境，而且严重制约了传统制革工业向绿色、环保、节能、新型方向的发展。随着超支化聚合物的出现，人们开始研究利用超支化聚合物的特殊性质，如多种官能团和分子内部的空腔结构制备螯合剂，通过配位络合作用，使螯合剂与铬离子反应，生成不溶于水的沉淀，从而去除污染物，达到废水处理的目的。

罗敏[38]以乙二胺(EDA)为原料、三聚氰氯(CNC)为交联剂，根据固相合成法和亲核取代反应机理，对制备的酸松弛猪皮胶原纤维(CF)进行氨基化改性，得到了以胶原纤维为基质的不同代数的氨基化胶原纤维吸附剂。第一代氨基化胶原纤维(ACF-Ⅰ)具体合成路线见图 2-25。

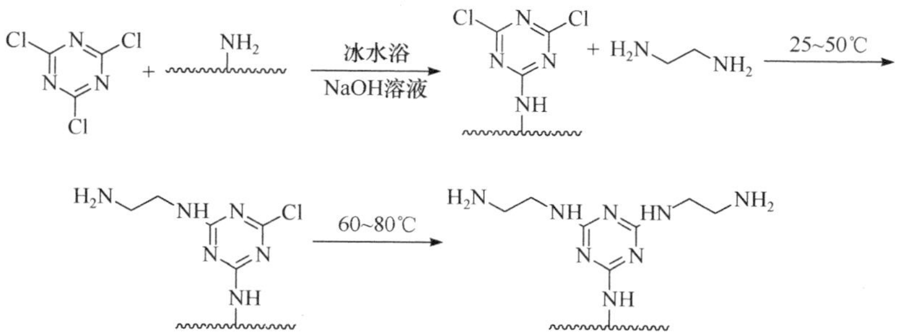

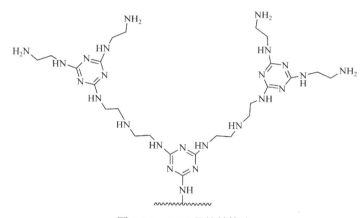

图 2-25　ACF-Ⅰ的合成路线

ACF-Ⅰ与三聚氰氯继续反应，然后加入乙二胺得到第二代氨基化胶原纤维 (ACF-Ⅱ)，结构式见图 2-26。

图 2-26　ACF-Ⅱ的结构式

ACF-Ⅱ与三聚氰氯继续反应，然后加入乙二胺得到第三代氨基化胶原纤维 (ACF-Ⅲ)，结构式见图 2-27。

同上，ACF-Ⅲ与三聚氰氯继续反应，然后加入乙二胺得到第四代氨基化胶原纤维(ACF-Ⅳ)，结构式见图 2-28。

1. 不同条件对第一代氨基化胶原纤维吸附剂染料吸附的影响

1) pH 对染料吸附的影响

固定 100mL、0.1mmol/L 的酸性黑 NT 染液，吸附剂用量为 0.15g，吸附温度为 25℃，吸附时间为 4h，考察 pH 对吸附容量的影响。第一代氨基化胶原纤维吸附染料的过程中，pH 对吸附容量的影响见图 2-29。

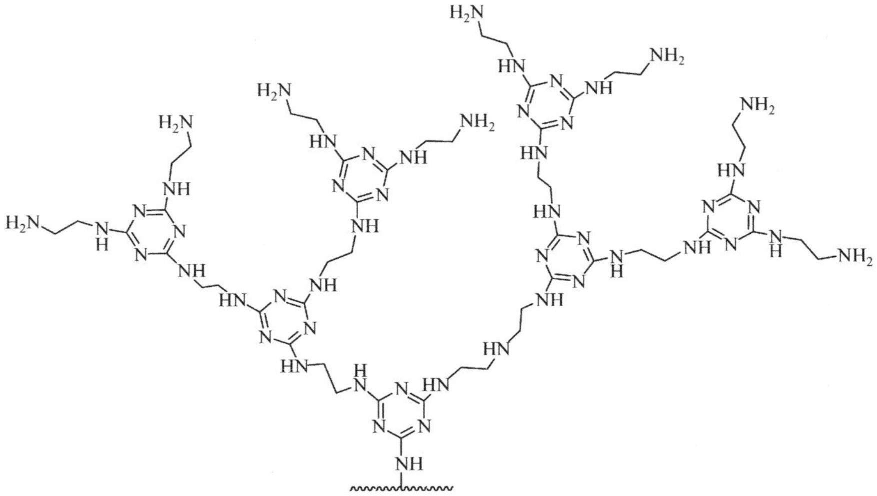

图 2-27　ACF-Ⅲ的结构式

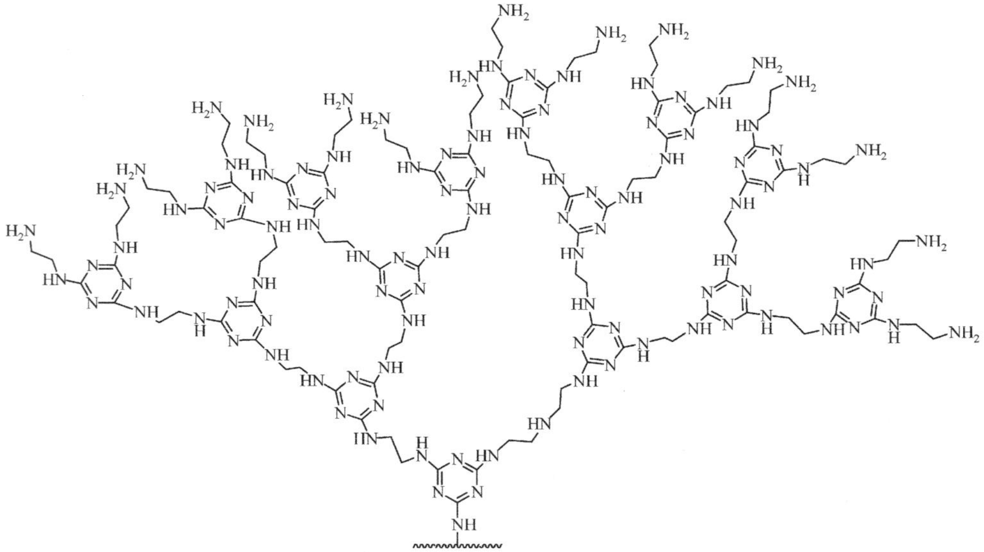

图 2-28　ACF-Ⅳ的结构式

　　由图 2-29 可知，pH 为 1.5～3.5 时，改性胶原纤维对酸性黑 NT 染料具有明显的吸附作用，随着 pH 的进一步增大，吸附作用急剧减弱。产生这一现象的原因是酸性黑 NT 染料属于阴离子染料，在水中离解为带负电荷基团(磺酸基)的染料阴离子，而胶原纤维的等电点在 4.2 左右，pH 为 1.5～3.5 时，胶原纤维上的氨基带有正电荷，其与染料阴离子之间的静电吸引作用使改性胶原纤维对酸性黑 NT 染料具有明显的吸附作用。改性胶原纤维对酸性黑 NT 染料的最大吸附出

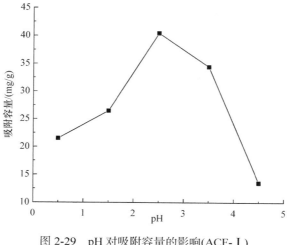

图 2-29　pH 对吸附容量的影响(ACF-Ⅰ)

现在 pH 为 2.5 处，随 pH 的进一步升高，胶原纤维上的表面正电荷减少，对染料阴离子的静电吸引作用减弱，对染料的吸附能力下降。由于胶原纤维对酸性黑 NT 染料的最大吸附出现在 pH 为 2.5 处，后续吸附实验均在 pH 为 2.5 的条件下进行。

2) 吸附剂用量对染料吸附的影响

固定 100mL、0.1mmol/L 的酸性黑 NT 染液，吸附 pH 为 2.5，吸附温度为 25℃，吸附时间为 4h，考察吸附剂用量对吸附容量的影响。图 2-30 为吸附剂用量对吸附容量和染料去除率的影响。

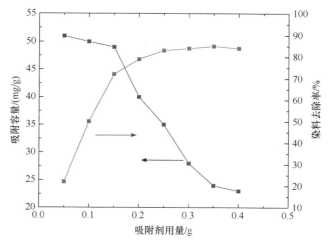

图 2-30　吸附剂用量对吸附容量和染料去除的影响(ACF-Ⅰ)

由图 2-30 可知，对于一定浓度的染料溶液，随着吸附剂用量的增加，染料去除率增加，但相应的吸附容量呈现出下降趋势，当吸附剂用量大于 0.25g 时，染料去除率趋于平缓，此时染料吸附基本已经趋于完成。因此综合考虑吸附成本和吸附效果，合理确定吸附剂的用量。由图 2-30 可知，对于 0.1mmol/L 的酸性黑 NT 染液，吸附剂用量为 0.15g 左右时吸附容量和染料去除率都较大，因此后续吸附实验的吸附剂用量均为 0.15g。

3）时间对染料吸附的影响

固定 100mL、0.1mmol/L 的酸性黑 NT 染液，吸附剂用量为 0.15g，吸附 pH 为 2.5，吸附温度为 25℃，考察吸附时间对吸附容量的影响。吸附时间对吸附容量的影响见图 2-31。

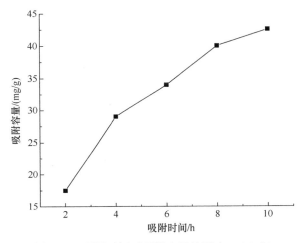

图 2-31　吸附时间对吸附容量的影响(ACF-Ⅰ)

由图 2-31 可知，2～4h，吸附容量随着吸附时间的延长增加较快，吸附时间大于 4h 时，随吸附时间的延长吸附容量的增加逐渐变缓。出现这种现象的原因为：在最初的时间内，染料浓度较大，吸附剂对染料的吸附作用较强，随着吸附的进行，染料浓度逐渐降低，导致吸附推动力减小，吸附作用减弱，当吸附时间超过 8h 时吸附基本趋于平衡，继续延长时间只会增加能耗，对吸附容量无太大的影响。因此后续相关的吸附实验吸附时间取 8h。

4）温度对染料吸附的影响

固定 100mL、0.1mmol/L 的酸性黑 NT 染液，吸附时间为 8h，吸附剂用量为 0.15g，吸附 pH 为 2.5，考察吸附温度对吸附容量的影响。吸附温度对吸附容量的影响见图 2-32。

由图 2-32 可知，25～40℃，吸附容量随着吸附温度的升高而增大，但当吸附温度高于 40℃时,吸附容量开始下降,出现这一现象的原因为:该吸附过程可能不仅有化学吸附,而且有物理吸附,物理吸附时吸附剂与染料分子间的结合力较弱,在温度较高时可能发生解吸附过程,导致其吸附容量降低。由于 40℃时吸附剂的吸附容量达到了最大值,后续吸附试验均在 40℃进行。

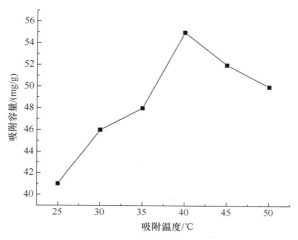

图 2-32　吸附温度对吸附容量的影响(ACF-Ⅰ)

5) 染料浓度对染料吸附的影响

固定吸附时间为 8h,吸附剂用量为 0.15g,吸附 pH 为 2.5,吸附温度为 40℃,考察染料浓度对吸附容量和染料去除率的影响。染料浓度对吸附容量和染料去除率的影响见图 2-33。

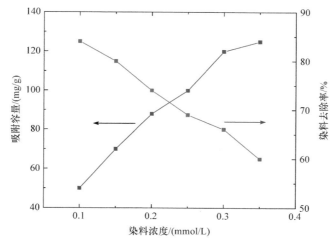

图 2-33　染料浓度对吸附容量和染料去除率的影响(ACF-Ⅰ)

　　由图 2-33 可知，对于一定量的胶原纤维吸附剂，其吸附容量随着染料初始浓度的增大而升高，但相应的染料去除率会降低，对此的解释为：染料浓度增大，胶原纤维与染料分子接触的概率增加，吸附推动力增大，吸附作用增强，但定量吸附剂的吸附能力是一定的，染料浓度的增大会使其吸附效果减弱，使染料去除率降低。

　　2. 不同条件对第二代氨基化胶原纤维吸附剂染料吸附的影响

　　1) pH 对染料吸附的影响

　　固定 100mL、0.1mmol/L 的酸性黑 NT 染液，吸附剂用量为 0.15g，吸附温度为 25℃，吸附时间为 4h，考察 pH 对吸附容量的影响。第二代氨基化胶原纤维吸附染料的过程中，pH 对吸附容量的影响见图 2-34。

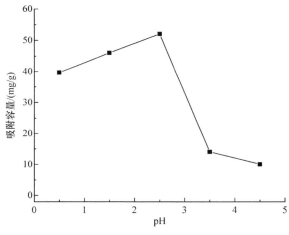

图 2-34　pH 对吸附容量的影响(ACF-Ⅱ)

　　由图 2-34 可知，pH 为 0.5～3.5 时，改性胶原纤维对酸性黑 NT 染料具有明显的吸附作用，随着 pH 的进一步增大，吸附作用急剧减弱。出现这一现象的原因是：酸性黑 NT 染料属于阴离子染料，在水中离解为带负电荷基团(磺酸基)的染料阴离子，而胶原纤维的等电点在 4.2 左右，pH 为 0.5～3.5 时，胶原纤维上的氨基带有正电荷，其与染料阴离子之间的静电吸引作用使改性胶原纤维对酸性黑 NT 染料具有明显的吸附作用。改性胶原纤维对酸性黑 NT 染料的最大吸附出现在 pH 为 2.5 处，随 pH 的进一步升高，胶原纤维上的表面正电荷减少，对染料阴离子的静电吸引作用减弱，对染料的吸附能力下降。由于胶原纤维对酸性黑 NT 染料的最大吸附出现在 pH 为 2.5 处，后续吸附实验均在 pH 为 2.5 的条件下进行。

2) 吸附剂用量对染料吸附的影响

固定 100mL、0.1mmol/L 的酸性黑 NT 染液，吸附 pH 为 2.5，吸附温度为 25℃，吸附时间为 4h，考察吸附剂用量对吸附容量的影响。图 2-35 为吸附剂用量对吸附容量和染料去除率的影响。

由图 2-35 可知，对于一定浓度的染料溶液，随着吸附剂用量的增加，染料去除率增加，但相应的吸附容量呈现下降趋势，当吸附剂用量大于 0.25g 时，染料去除率趋于平缓，此时染料吸附已经趋于完成。因此，应综合考虑吸附成本和吸附效果，确定合理的吸附剂用量。

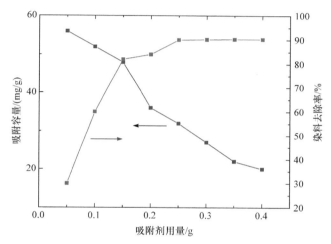

图 2-35 吸附剂用量对吸附容量和染料去除率的影响(ACF-Ⅱ)

由图 2-35 可知，对于 0.1mmol/L 的酸性黑 NT 染液，吸附剂用量为 0.15g 左右时吸附容量和染料去除率都较大，因此后续吸附实验的吸附剂用量均为 0.15g。

3) 时间对染料吸附的影响

固定 100mL、0.1mmol/L 的酸性黑 NT 染液，吸附剂用量为 0.15g，吸附 pH 为 2.5，吸附温度为 25℃，考察吸附时间对吸附容量的影响。吸附时间对吸附容量的影响见图 2-36。

由图 2-36 可知，2～4h，吸附容量随着吸附时间的延长增加较快，时间大于 4h 时，随吸附时间的延长吸附容量的增加逐渐变缓，6h 后变化基本上无明显变化。出现这种现象的原因为：在最初的时间内，染料浓度较大，吸附剂对染料的吸附作用较强，随着吸附的进行，染料浓度逐渐降低，导致吸附推动力减小，吸附作用减弱，当吸附时间超过 6h 时吸附基本趋于平衡，继续延长时间只会增加能耗，对吸附容量无太大的影响。因此后续相关的吸附实验吸附时间取 6h。

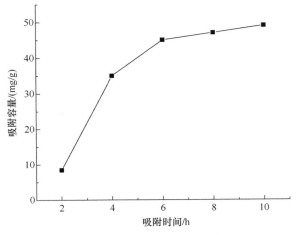

图 2-36　吸附时间对吸附容量的影响(ACF-Ⅱ)

4) 温度对染料吸附的影响

固定 100mL、0.1mmol/L 的酸性黑 NT 染液，吸附时间为 6h，吸附剂用量为 0.15g，吸附 pH 为 2.5，考察吸附温度对吸附容量的影响。

吸附温度对吸附容量的影响见图 2-37，由图可知，25～40℃，吸附容量随着温度的升高而增大，但当温度高于 40℃时，吸附容量开始下降，出现这一现象的原因为：该吸附过程可能不仅有化学吸附，而且有物理吸附，物理吸附时吸附剂与染料分子间的结合力较弱，在温度较高时可能发生解吸附过程，导致其吸附容量降低。由于 40℃时吸附剂的吸附容量达到了最大值，后续吸附试验均在 40℃进行。

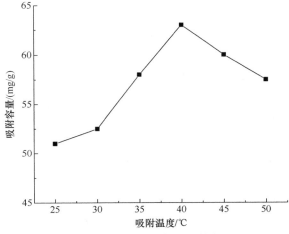

图 2-37　吸附温度对吸附容量的影响(ACF-Ⅱ)

5) 染料浓度对染料吸附的影响

固定吸附温度为 40℃，吸附时间为 6h，吸附剂用量为 0.15g，吸附 pH 为 2.5，考察染料浓度对吸附容量和染料去除率的影响。染料浓度对吸附容量和染料去除率的影响见图 2-38。

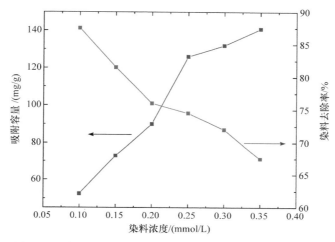

图 2-38　染料浓度对吸附容量和染料去除率的影响(ACF-Ⅱ)

由图 2-38 可知，对于一定量的胶原纤维吸附剂，其吸附容量随着染料浓度的增大而升高，但相应的染料去除率会降低，对此的解释为：染料浓度增大，胶原纤维与染料分子接触的概率增加，吸附推动力增大，吸附作用增强，但定量吸附剂的吸附能力是一定的，染料浓度的增大会使其处理效果减弱，使染料去除率降低。

3. 不同条件对第三代氨基化胶原纤维吸附剂染料吸附的影响

1) pH 对染料吸附的影响

固定 100mL、0.2mmol/L 的酸性黑 NT 染液，吸附剂用量为 0.15g，吸附温度为 25℃，吸附时间为 4h，考察 pH 对吸附容量的影响。第三代氨基化胶原纤维吸附染料的过程中，pH 对吸附容量的影响见图 2-39。

由图 2-39 可知，pH 为 0.5～3.5 时，改性胶原纤维对酸性黑 NT 染料具有明显的吸附作用，随着 pH 的进一步增大，吸附作用急剧减弱。产生这一现象的原因是酸性黑 NT 染料属于阴离子染料，在水中离解为带负电荷基团(磺酸基)的染料阴离子，而胶原纤维的等电点在 4.2 左右，pH 为 0.5～3.5 时，胶原纤维上的氨基带有正电荷，其与染料阴离子之间的静电吸引作用使改性胶原纤维对酸性黑 NT 染料具有明显的吸附作用。改性胶原纤维对酸性黑 NT 染料的最大吸附出

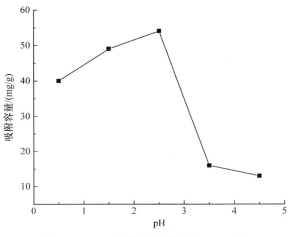

图 2-39 pH 对吸附容量的影响(ACF-Ⅲ)

现在 pH 为 2.5 处，随 pH 的进一步升高，胶原纤维上的表面正电荷减少，对染料阴离子的静电吸引作用减弱，对染料的吸附能力下降。由于胶原纤维对酸性黑 NT 染料的最大吸附出现在 pH 为 2.5 处，后续吸附实验均在 pH 为 2.5 的条件下进行。

2) 吸附剂用量对染料吸附的影响

固定 100mL、0.2mmol/L 的酸性黑 NT 染液，吸附 pH 为 2.5，吸附温度为 25℃，吸附时间为 4h，考察吸附剂用量对吸附容量的影响。图 2-40 为吸附剂用量对吸附容量和染料去除率的影响。

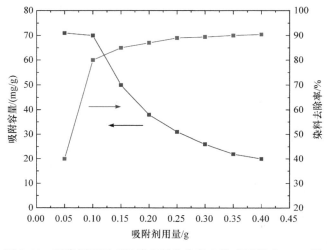

图 2-40 吸附剂用量对吸附容量和染料去除率的影响(ACF-Ⅲ)

　　由图 2-40 可知，对于一定浓度的染料溶液，随着吸附剂用量的增加，染料去除率增加，但相应的吸附容量呈现出下降趋势，当吸附剂用量大于 0.2g 时，染料去除率趋于平缓，此时染料吸附基本已经趋于完成。因此综合考虑吸附成本和吸附效果，合理确定吸附剂的用量。同时图 2-43 也表明说明较少量制备的 ACF 对于中低浓度的染液具有较高的吸附能力，说明此吸附剂有望作为中低浓度染料废水的处理剂。由图可知，对于 0.1mmol/L 的酸性黑 NT 染液，吸附剂用量为 0.1g 左右时吸附容量和染料去除率都较大，因此后续吸附实验的吸附剂用量均为 0.1g。

　　3) 时间对染料吸附的影响

　　固定 100mL0.2mmol/L 的酸性黑 NT 染液，吸附剂用量为 0.1g，吸附 pH 为 2.5，吸附温度为 25℃，考察吸附时间对吸附容量的影响。吸附时间对吸附容量的影响见图 2-41。

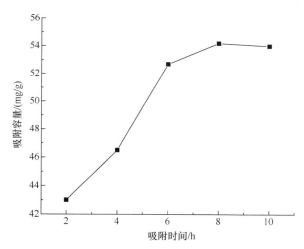

图 2-41　吸附时间对吸附容量的影响(ACF-Ⅲ)

　　由图 2-41 可知，2～6h，吸附容量随着吸附时间的延长增加较快，吸附时间大于 6h 时，随吸附时间的延长吸附容量的增加逐渐变缓，8h 后变化基本上无明显变化。出现这种现象的原因为：在最初的时间内，染料浓度较大，吸附剂对染料的吸附作用较强，随着吸附的进行，染料浓度逐渐降低，导致吸附推动力减小，吸附作用减弱并趋于平衡，继续延长时间只会增加能耗，对吸附容量无太大的影响。因此后续相关的吸附实验采取 6h 的吸附时间。

　　4) 温度对染料吸附的影响

　　固定 100mL、0.2mmol/L 的酸性黑 NT 染液，吸附时间为 6h，吸附剂用量为 0.1g，吸附 pH 为 2.5，考察吸附温度对吸附容量的影响。

　　吸附温度对吸附容量的影响见图 2-42，由图可知，25～40℃，吸附容量随着吸附温度的升高而增大，但当温度高于 40℃时，吸附容量反而有所下降，出现这一现象的原因为：该吸附过程可能不仅有化学吸附，而且有物理吸附，物理吸附时吸附剂与染料分子间的结合力较弱，在温度较高时可能发生解吸附过程，导致其吸附容量降低。由于 40℃时吸附剂的吸附容量达到了最大值，后续吸附试验均在 40℃的温度下进行。

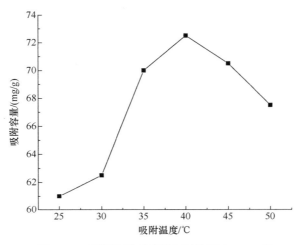

图 2-42　吸附温度对吸附容量的影响(ACF-Ⅲ)

5) 染料浓度对染料吸附的影响

固定吸附温度为 40℃，吸附时间为 6h，吸附剂用量为 0.1g，吸附 pH 为 2.5，考察染料浓度对吸附容量和染料去除率的影响。染料浓度对吸附容量和染料去除率的影响见图 2-43。

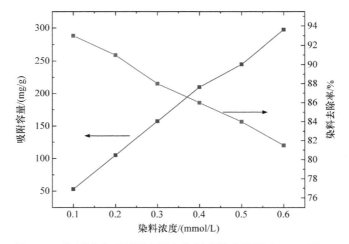

图 2-43　染料浓度对吸附容量和染料去除的影响(ACF-Ⅲ)

由图 2-43 可知，对于一定量的胶原纤维吸附剂，其吸附容量随着染料浓度的增大而升高，但相应的染料去除率会降低，对此的解释为：染料浓度增大，胶原纤维与染料分子接触的概率增加，吸附推动力增大，吸附作用增强，但定量吸附剂的吸附能力是一定的，染料浓度的增大会使其处理效果减弱，使染料去除率降低。

4. 不同条件对第四代氨基化胶原纤维吸附前染料吸附的影响

1) pH 对染料吸附的影响

固定 100mL、0.2mmol/L 的酸性黑 NT 染液，吸附剂用量为 0.15g，吸附温度为 25℃，吸附时间为 4h，考察 pH 对吸附容量的影响。第四代氨基化胶原纤维吸附染料的过程中，pH 对吸附容量的影响见图 2-44。

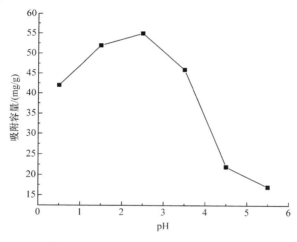

图 2-44　pH 对吸附容量的影响(ACF-Ⅳ)

由图 2-44 可知，pH 为 0.5~3.5 时，改性胶原纤维对酸性黑 NT 染料具有明显的吸附作用，随着 pH 的进一步增大，吸附作用急剧减弱。产生这一现象的原因是：酸性黑 NT 染料属于阴离子染料，在水中离解为带负电荷基团(磺酸基)的染料阴离子，而胶原纤维的等电点在 4.2 左右，pH 为 0.5~3.5 时，胶原纤维上的氨基带有正电荷，其与染料阴离子之间的静电吸引作用使改性胶原纤维对酸性黑 NT 染料具有明显的吸附作用。改性胶原纤维对酸性黑 NT 染料的最大吸附出现在 pH 为 2.5 处，随 pH 的进一步升高，胶原纤维上的表面正电荷减少，对染料阴离子的静电吸引作用减弱，对染料的吸附能力下降。由于胶原纤维对酸性黑 NT 染料的最大吸附出现在 pH 为 2.5 处，后续吸附实验均在 pH 为 2.5 的条件下进行。

2) 吸附剂用量对染料吸附的影响

固定 100mL、0.2mmol/L 的酸性黑 NT 染液，吸附 pH 为 2.5，吸附温度为 25℃，吸附时间为 4h，考察吸附剂用量对吸附容量的影响。图 2-45 为吸附剂用量对吸附容量和染料去除率的影响。

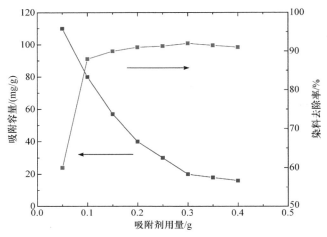

图 2-45　吸附剂用量对吸附容量和染料去除率的影响(ACF-Ⅳ)

由图 2-45 可知，对于一定浓度的染料溶液，随着吸附剂用量的增加，染料去除率增加，但相应的吸附容量呈现出下降趋势，当吸附剂用量大于 0.15g 时，染料去除率趋于平缓，此时染料吸附已经趋于完成。因此，应综合考虑吸附成本和吸附效果，确定合理的吸附剂用量。由图可知，对于 0.1mmol/L 的酸性黑 NT 染液，吸附剂用量为 0.1g 左右时吸附容量和染料去除率都较大，因此后续吸附实验的吸附剂用量均为 0.1g。

3) 时间对染料吸附的影响

固定 100mL、0.2mmol/L 的酸性黑 NT 染液，吸附剂用量为 0.1g，吸附 pH 为 2.5，吸附温度为 25℃，考察吸附时间对吸附容量的影响。吸附时间对吸附容量的影响，见图 2-46。

由图 2-46 可知，2～4h，吸附容量随着吸附时间的延长增加较快，吸附时间大于 4h 时，随吸附时间的延长吸附容量的增加逐渐变缓。出现这种现象的原因为：在最初的时间内，染料浓度较大，吸附剂对染料的吸附作用较强，随着吸附的进行，染料浓度逐渐降低，导致吸附推动力减小，吸附作用减弱，当吸附时间超过 6h 时吸附基本趋于平衡，继续延长时间只会增加能耗，对吸附容量无太大的影响。因此后续相关的吸附实验吸附时间取 6h。

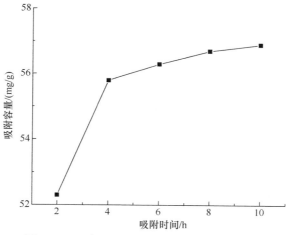

图 2-46　吸附时间对吸附容量的影响(ACF-Ⅳ)

4) 温度对染料吸附的影响

固定 100mL、0.2mmol/L 的酸性黑 NT 染液，吸附时间为 6h，吸附剂用量为 0.1g，吸附 pH 为 2.5，考察吸附温度对吸附容量的影响。

吸附温度对吸附容量的影响见图 2-47，由图可知，25～40℃，吸附容量随着温度的升高而增大，但当温度高于 40℃时，吸附容量开始下降，出现这一现象的原因为：该吸附过程可能不仅有化学吸附，而且有物理吸附，物理吸附时吸附剂与染料分子间的结合力较弱，在温度较高时可能发生解吸附过程，导致其吸附容量降低。由于 40℃时吸附剂的吸附容量达到了最大值，后续吸附试验均在 40℃的温度下进行。

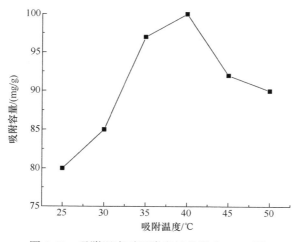

图 2-47　吸附温度对吸附容量的影响(ACF-Ⅳ)

5) 染料浓度对染料吸附的影响

固定吸附温度为 40℃，吸附时间为 6h，吸附剂用量为 0.1g，吸附 pH 为 2.5，考察染料浓度对吸附容量和染料去除率的影响。染料浓度对吸附容量和染料去除率的影响，见图 2-48。

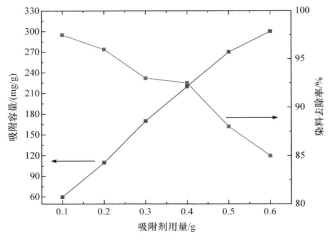

图 2-48　染料浓度对吸附容量和染料去除率的影响(ACF-Ⅳ)

由图 2-48 可知，对于一定量的胶原纤维吸附剂，其吸附容量随着染料初始浓度的增大而升高，但相应的染料去除率会降低，对此的解释为：染料浓度增大，胶原纤维与染料分子接触的概率增加，吸附推动力增大，吸附作用增强，但定量吸附剂的吸附能力是一定的，染料浓度的增大会使其处理效果减弱，使染料去除率降低。

张斐斐等[39-40]以胶原纤维为载体，用戊二醛将端氨基超支化聚酰胺与胶原纤维进行交联，制备出不同端氨基超支化聚酰胺改性胶原纤维吸附材料(CF-HBPN)，见图 2-49 和图 2-50。

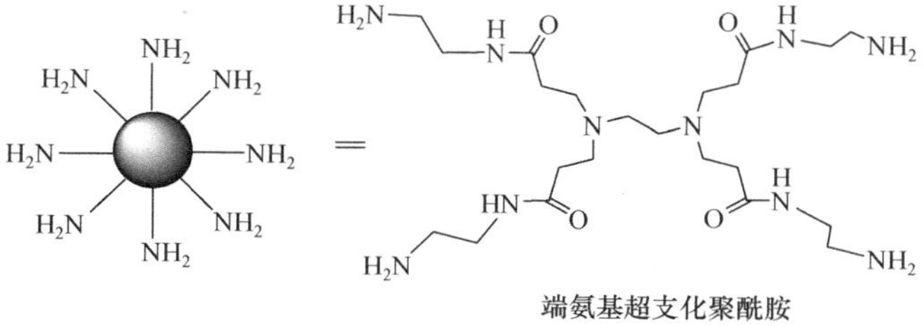

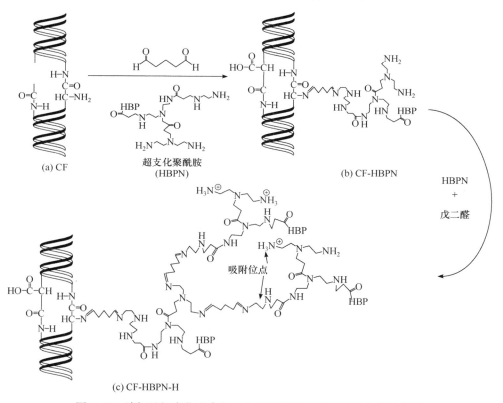

端氨基超支化聚酰胺

图 2-49　超支化胶原纤维吸附剂的合成示意图

图 2-50　端氨基超支化聚合物改性胶原纤维吸附材料的合成示意图

　　结果表明，30℃时，0.4g/L 的 CF-HBPN 对初始浓度为 50mg/L 的含六价铬溶液的去除率可达 99.57%，并且可以使用 NaOH 溶液对吸附六价铬后的 CF-HBPN进行解吸。

　　此外，超支化聚合物分子大，又有很多支链以及可以与 Cr^{3+} 络合的活性基团，因此可以作为高分子絮凝剂处理制革污水中的 Cr^{3+}。

　　赵江琦等[41]通过多次迈克尔加成与酰胺化反应，制备了一种环境友好型的超支化多胺(PAMAM)，见图 2-51。

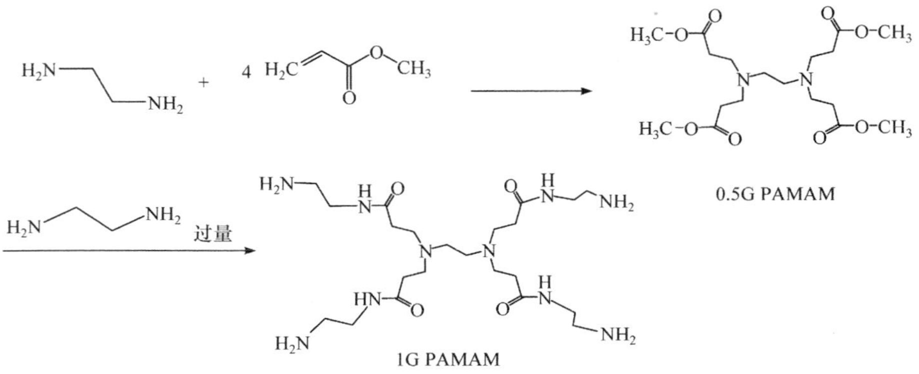

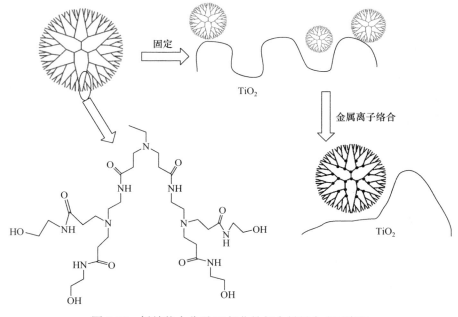

图 2-51　PAMAM 合成示意图

吸附实验结果表明，产物在酸性条件下对六价铬的吸附性能最好，当 pH 为 2 时吸附量达到极大值。另外，产物对六价铬的吸附可以用朗缪尔等温吸附方程和准二级动力学来模拟。

王学川等[42]研究了 PAMAM 的代数和用量对处理 Cr(Ⅲ)的影响，发现随着 PAMAM 代数和用量的增加，Cr(Ⅲ)的去除率也增加。

Baraka 等[43]将四代端羟基树枝状大分子固定在二氧化钛的模板上合成一种新型的金属螯合材料，见图 2-52，并研究了 PAMAM-OH 分子对工业废水中 Cu(Ⅱ)、

图 2-52　树枝状大分子/二氧化钛复合材料合成示意图

Ni(Ⅱ)、Cr(Ⅲ)离子的去除率，并探讨了 PAMAM 的用量和浓度以及水溶液的 pH 对去除率的影响。

2.2.7　超支化聚合物在制革除醛中的应用

由于制革原料或革存放过程中的环境影响，皮革中会残留一部分六价铬。这些残留的六价铬可以通过皮肤、呼吸道被人体吸收，造成胃肠道及肝、肾功能损害，还可能伤及眼部，出现视网膜出血、视神经萎缩等。随着人们环保意识的增强，以及对产品安全性的重视，皮革制品中的甲醛含量需要被严格的控制。传统物理机械操作或使用绿色化学品降低甲醛含量的效果不佳，同时，产品的品质也无法得到保证，很难达到国际上对甲醛含量的要求或者对皮革品质的要求。甲醛在皮革中主要以游离的甲醛、可逆结合的甲醛和不可逆结合的甲醛三种方式存在。游离的甲醛以物理吸附存在于胶原纤维上或其间的空隙毛细管中；可逆结合的甲醛通过胶原纤维分子上的羟基、羧基等基团与甲醛分子间形成的氢键结合；不可逆结合的甲醛则主要通过共价键结合。游离的甲醛及可逆结合的甲醛可以通过甲醛捕获剂(HAMP)去除。甲醛捕获剂的优势在于，可以在不改变工艺及用料的基础上大幅度降低革制品中的甲醛含量，同时保证了革制品本身的品质，是一种有效且可行的除醛方法。

张婷[44]以端羟基超支化聚合物为原料，采用乙酰乙酸乙酯对其进行改性，制备活泼亚甲基类超支化甲醛捕获剂，具体合成路线见图 2-53。

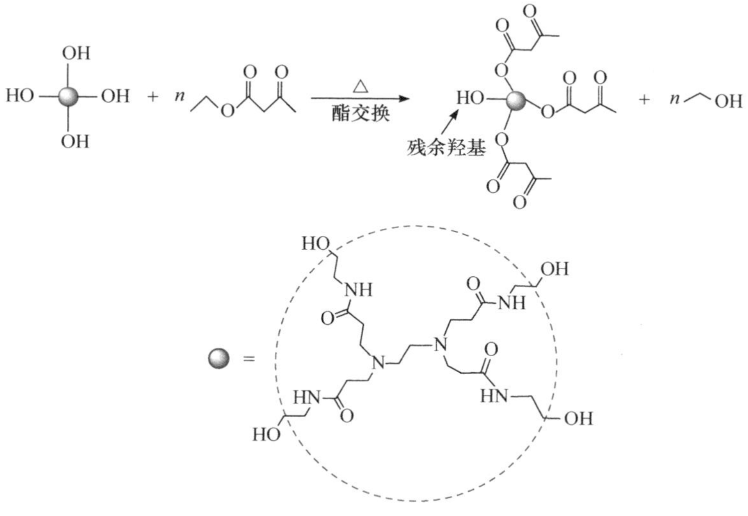

图 2-53　亚甲基类超支化甲醛捕获剂的合成路线

张婷[44]研究了 HAMP 用于复鞣后棉羊皮服装革甲醛的去除，具体工艺见表 2-7，HAMP 用量及捕获时间对皮革游离甲醛去除效果的影响结果分别见图 2-54 和图 2-55。

表 2-7　绵羊皮服装革复鞣工艺

工序	化料	用量/%	时间/min	温度/℃	pH	备注
回水	水	200	—	40	—	—
	脱脂剂 (DESOAGEN DN)	1.5	40	—	—	—
	甲酸	0.5	20	—	3.8	—
水洗	水	200	10	40	—	—
铬复鞣	水	100	—	40	—	—
	铬复鞣剂(Tankrom FS)	3	120	—	—	—
	小苏打	0.5~1	2×30+60	—	3.8~4.1	—
停鼓过夜						
中和	水	100	—	40	—	—
	中和剂(DESOTAN NT)	2.0		—	—	—
	小苏打	1	2×20+30	—	5.5~5.8	检查切口
水洗	水	200	10	40	—	—
复鞣	水	100	—	40	—	—
	双氰胺改性产物复鞣剂	6	60	—	—	—
水洗	水	200	10	40	—	—
加脂染色	水	100	—	50	—	—
	加脂剂(DESOTAN LQ-5)	8	60	—	—	—
	黑色染料(DESOSTAR BLACK-FN)	2.5	30	—	—	—
	甲酸	1	30	—	3.5~4	—
除醛	水	200	—	50	—	—
	HAMP	X	Y	50	—	—

经自然干燥，统一手工搓软制备样品革，测定皮革中甲醛含量

从图 2-54 中看到，未添加 HAMP 时坯革中游离甲醛含量为 524.8mg/kg。随着 HAMP 用量增大，革中游离甲醛含量逐渐降低。当 HAMP 用量为革质量的 4% 时，去除率达到 65.3%，皮革中游离甲醛含量为 473.9mg/kg。继续增大 HAMP 用量，甲醛去除率趋于平稳。

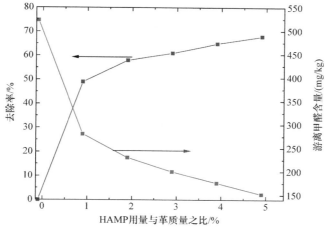

图 2-54　HAMP 用量对皮革中甲醛含量的影响

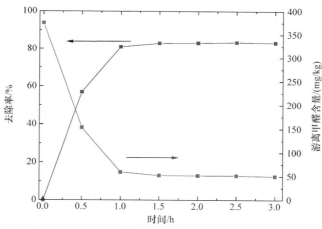

图 2-55　HAMP 捕获时间对皮革中甲醛含量的影响

　　活泼亚甲基可以有效去除甲醛是由于其分子中 α 氢与 HCHO 会进行加成反应，HAMP 中活泼氢的数量是一定的，当 HMAP 用量较少时其所含活泼亚甲基不足以捕获从皮样中游离出的甲醛，当用量为 4%时，活泼亚甲基中的活泼氢与甲醛基本可反应完全，继续增加捕获剂用量不会对甲醛去除率产生影响，反而会造成资源的浪费。因此综合考虑，HAMP 最佳用量选定为 4%。

　　由图 2-55 可知，不断延长作用时间，皮革中游离甲醛去除率不断上升最后趋于稳定。复鞣工艺中 HAMP 用量为 4%时，可以有效降低皮革中甲醛含量，此时 HAMP 与 HCHO 经共价键进行结合，有效去除甲醛。当作用时间为 1h 时，去除率为 83.8 %，皮革中游离甲醛含量降至 60mg/kg，进一步延长捕获时间，去除率基本保持不变。因此 1h 为较优应用时间。综合考虑，HAMP 在皮革复鞣工艺中的最佳应用条件为：用量为 4%，捕获时间为 1h。

高翔[19]将端氨基超支化聚合物应用在绵羊皮服装革除醛工艺中，具体工艺见表 2-8。

表 2-8　绵羊皮服装革除醛工艺

工序	化料	用量/%	时间/min	温度/℃	pH	备注
回水	水	200	—	40	—	—
	脱脂剂 (DESOAGEN DN)	1.5	40	—	—	—
	甲酸	0.5	20	—	3.8	—
水洗	水	200	10	40	—	—
铬复鞣	水	100	—	40	—	—
	铬复鞣剂 (Tankrom FS)	3	120	—	—	—
	小苏打	0.5~1	2×30+60	—	3.8~4.1	—
停鼓过夜						
水洗	水	200	30	40	—	—
中和	水	100	—	40	—	—
	中和剂 (DESOTAN NT)	2.0		—	—	—
	小苏打	0.5	30	—	—	—
	小苏打	1	2×20+30	—	5.5~5.8	检查切口
水洗	水	200	30	40	—	测厚度
复鞣	水	100	—	40	—	—
	复鞣填充剂 (DESOATEN A-17)	6	60	—	—	—
水洗	水	200	—	40	—	取样，挂晾干燥后测甲醛含量
加脂	水	150	—	50	—	—
	加脂剂 (DESOPON SK70)	18	60	—	—	—
	甲酸	1	30	—	3.5~4	—
水洗	水	200	10	40	—	—
除醛	水	100	—	50	—	—
	NH_2-HBP	X	Y	—	—	—
流水洗 10s 除去未反应的 NH_2-HBP						
测厚度，挂晾干燥后测甲醛含量						

另外，研究了 NH_2-HBP 用量对皮革游离甲醛去除率的影响，结果见图 2-56。

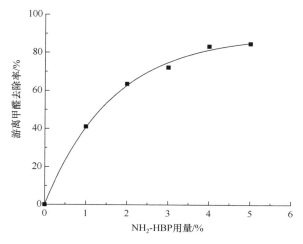

图 2-56　NH_2-HBP 用量对游离甲醛去除率的影响

由图 2-56 可以看出，不加入 NH_2-HBP 时，甲醛去除率随着 NH_2-HBP 用量的增大而增大，当 NH_2-HBP 的用量为 4% 时，皮革中游离甲醛的去除率达到 83.04%，继续增加 NH_2-HBP 用量至 5%，甲醛去除率增加缓慢，捕获反应基本达到平衡。因此，综合考虑制革成本，4% 为 NH_2-HBP 去除游离甲醛的较优用量。

由于 NH_2-HBP 中含有大量的端氨基，端氨基既可以与胶原上的羧基发生反应，又可以和甲醛分子发生自由基反应生成亚甲基化合物(反应式见图 2-57)，因而 NH_2-HBP 对坯革中的游离甲醛具有较强的去除作用。但是，坯革中游离甲醛的含量有限，随着 NH_2-HBP 用量的增加，氨基与甲醛的亲核加成反应趋于平衡，因此继续增加用量对氨基与甲醛的亲核加成反应效率的提高作用不显著。

$$P-NH_2 + O=CH_2 \longrightarrow P-N=CH_2 + H_2O$$
$$2P-NH_2 + O=CH_2 \longrightarrow P-NH-CH_2-HN-P + H_2O$$

图 2-57　端氨基与胶原上的羧基和甲醛分子的自由基的反应式

NH_2-HBP 的应用时间对皮革中游离甲醛去除率的影响，见图 2-58。

由图 2-58 可以看出，皮革中游离甲醛去除率随着 NH_2-HBP 应用时间的延长而增加，当 NH_2-HBP 的应用时间为 20min 时，皮革的游离甲醛去除率为 82.83%，继续延长时间，甲醛去除率趋于平稳，因此，20min 为 NH_2-HBP 去除皮革中游离甲醛的较优应用时间。这是因为 NH_2-HBP 对甲醛具有较高的反应活性，在皮革中与游离甲醛反应降低甲醛含量。但是对于厚度较大的鞋面革等，可以根据具体情况适当增加应用时间来提高甲醛去除率。

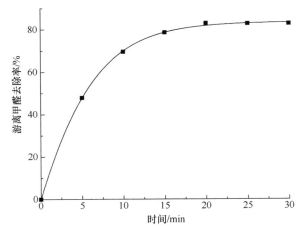

图 2-58　NH₂-HBP 的应用时间对皮革游离甲醛去除率的影响

参 考 文 献

[1] 侯风. 皮革工业的发展现状和趋势[J]. 西部皮革, 2017, 39(23): 48.

[2] 杨晓阳, 马建中, 高党鸽, 等. 制革浸水助剂的研究现状与展望[J]. 皮革科学与工程, 2007(5): 42-45.

[3] 曾睿, 王慧桂, 但卫华. 酶制剂在制革工业中的应用及其前景[J]. 皮革化工, 2005, 22(1): 11-12.

[4] 马建中. 现代制革技术与实践[J]. 西部皮革, 2000(4): 38-39.

[5] 周波. 制革行业鞣制工艺的技术分析与探讨[J]. 科技创新与应用, 2015(5): 83-84.

[6] 魏世林. 制革工艺学[M]. 北京: 中国轻工业出版社, 2001.

[7] 戴金兰, 张廷友, 王政, 等. 高吸收染色加脂助剂研究应用[J]. 皮革科学与工程, 2003, 13(5): 42-45.

[8] 陈荣国, 肖荔人, 陈庆华, 等. 超支化聚合物的性能、合成及其功能化应用研究[C]. 第六届中国功能材料及其应用学术会议, 武汉, 2007: 3993-3999.

[9] 王学川, 强涛涛, 任龙芳. 超支化聚合物的研究进展及其在皮革工业中的应用前景[J]. 中国皮革, 2005, 34(9): 14-19.

[10] 吕玲洁, 王国伟, 庄玲华, 等. 超支化聚合物在皮革领域的应用研究进展[J]. 皮革科学与工程, 2012, 22(5): 32-36.

[11] 俞从正, 孙根行, 彭晓凌, 等. 皮革中 Cr(Ⅵ)的产生原因及预防研究[J]. 陕西科技大学学报, 2003, 21(2): 1-5.

[12] 孙根行, 俞从正, 曹洁, 等. 坚木栲胶对皮革中六价铬预防作用的研究[J]. 中国皮革, 2003, 32(1): 6-9.

[13] 孙根行, 俞从正, 何旭, 等. 荆树皮栲胶对皮革中六价铬预防作用的研究[J]. 中国皮革, 2002, 19(6): 26-31.

[14] 曹胜光, 翁家宝, 林雪芳. 一种超支化分子液晶性的研究[J]. 液晶与显示, 2002, 17(5): 353-357.

[15] BURKINSHAW S M, FROCHLING P E, MIGNANELLI M. The effect of hyperbranched polymers on the dyeing of polypropylene fibres[J]. Dyes and Pigment, 2002, 7: 1-7.

[16] 于婧, 靳丽强, 李彦春. 超支化聚(胺–酯)型铬鞣助剂的合成及应用[J]. 中国皮革, 2009, 38(7): 42-46.

[17] 强西怀, 刘安军, 管建军, 等. 端羟基超支化聚合物助鞣剂的合成及应用[J]. 精细化工, 2008, 25(9): 900-903, 917.

[18] QIANG T T, GAO X, REN J, et al. A chrome-free and chrome-less tanning system based on the hyperbranched polymer[J]. ACS Sustainable Chemistry Engineering, 2016, 4(3): 701-707.

[19] 高翔. 端氨基超支化聚合物的制备及在皮革中的应用研究[D]. 西安: 陕西科技大学, 2016.

[20] 陈华林, 刘白玲, 罗荣. 超支化聚合物皮革复鞣剂的合成及应用[J]. 中国皮革, 2007, 15: 13-16.

[21] 王学川, 刘俊. 超支化聚(胺-酯)的合成及在皮革中的应用[J]. 高分子材料科学与工程, 2009, 25(9): 125-127.

[22] 袁绪政. 超支化多羟基聚合物的合成、改性及应用[D]. 西安: 陕西科技大学, 2009.

[23] 刘翠华, 高超, 曾浩, 等. 两亲性超支化聚砜胺对染料的可逆高装载[J]. 高等学校化学学报, 2005, 26(10): 1941-1945.

[24] 马茶, 李龙, 程传杰, 等. 丹磺酰基为核的树枝状聚合物的合成和光谱性质研究[J]. 化学学报, 2010, 68(20): 2135-2140.

[25] BURKINSHAW S M, FROCHLING P E, MIGNANELLI M. The effect of hyperbranched polymers on the dyeing of polypropylene fibres[J]. Dyes and Pigmen, 2002, 53(3): 229-235.

[26] 王学川, 何林燕, 袁绪政. 聚酯类超支化聚合物的研究现状及应用展望[J]. 皮革科学与工程, 2008, 18(5): 34-38.

[27] 王学川, 刘俊. 超支化聚(胺-酯)的合成及在皮革中的应用[J]. 高分子材料科学与工程, 2009(9): 125-127.

[28] 王学川, 郭笑笑, 王海军, 等. 端羧基线性-超支化聚酯的制备及皮革加脂应用[J]. 陕西科技大学学报(自然科学版), 2017, 35(1): 16-22.

[29] QIANG T T, BU Q Q, HUANG Z F, et al. Synthesis and characterization of hyperbranched linear surfactants[J]. Journal of Surfaces and Detergents, 2014, 17(2): 215-221.

[30] QIANG T T, BU Q Q, HUANG Z F, et al. Structural and interfacial-properties of hyperbranched-linear polymer surfactant[J]. Journal of Surfaces and Detergents, 2014, 17(5): 959-965.

[31] 王学川, 张婷, 王海军, 等. 多端烯基聚合物皮革加脂复鞣剂的合成及应用[J]. 高分子材料科学与工程, 2014, 30(11): 15-19.

[32] 秦媛媛. 树枝状-线性聚酰胺表面活性剂的制备及其皮革加脂性能的研究[D]. 西安: 陕西科技大学, 2015.

[33] 秦树法, 王芳, 汤克勇. 多支化加脂剂的研究[J]. 中国皮革, 2013, 42(7): 10-13.

[34] 李明, 王新灵. 保护法提高超支化聚缩水甘油的羟基反应率[J]. 上海交通大学学报, 2005, 3(11): 1828-1832.

[35] 苏慈生. 高度支化聚合物涂料[J]. 涂料工业, 2004, 34(5): 38-43.

[36] 王治国, 童身毅. 高度支化聚合物在涂料中的应用[J]. 中国涂料, 2003(2): 27-29.

[37] 王学川, 任静, 强涛涛. 亲水扩链剂对超支化水性聚氨酯皮革涂饰剂成膜性能的影响[J]. 功能材料, 2015, 13(46): 13130-13138.

[38] 罗敏. 氨基化胶原纤维的制备及其对染料的吸附性能研究[D]. 西安: 陕西科技大学, 2012.

[39] 张斐斐. 端氨基超支化聚酰胺改性胶原纤维对 Cr(Ⅵ)吸附性能研究[D]. 西安: 陕西科技大学, 2013.

[40] 王学川, 张斐斐, 强涛涛. 超支化胶原纤维吸附剂的合成与表征[J]. 功能材料, 2013, 44(4): 527-531.

[41] 赵江琦, 卢灿辉, 张伟. 纤维素纳米纤维的超支化改性及其对 Cr(Ⅵ)的吸附性能研究[C]. 2014 年全国高分子材料科学与工程研讨会, 成都, 2014.

[42] 王学川, 何林燕, 强涛涛, 等. 整代树状聚酰胺-胺的制备及在 Cr(Ⅲ)处理中的应用[J]. 中国皮革, 2009, 38(23): 28-32.

[43] BARAKA M A, RAMADN M H, ALGHAMDI M A, et al. Remediation of Cu(Ⅱ), Ni(Ⅱ), and Cr(Ⅲ) ions from simulated wastewater by dendrimer/titania composites [J]. Journal of Enviroumental Management, 2013, 117: 50-57.

[44] 张婷. 活泼亚甲基类超支化甲醛捕获剂的合成及应用[D]. 西安: 陕西科技大学, 2017.

第3章　超支化聚合物在造纸工业中的应用

3.1　概　　述

纸张和纸基板的人均消费量是衡量国家经济实力的综合性指标之一。我国经济总量大、人口众多，纸张消费总量位居世界第一，但据统计2017年人均纸张消费量达78kg，比全球人均纸张消费量57kg多21kg，与发达国家150~300kg的人均纸张消费量存在很大差距。因此，我国造纸工业仍具有广阔的发展前景。

3.1.1　造纸方法

造纸工艺主要分为湿法造纸和干法造纸。

1) 湿法造纸

湿法造纸主要以水作为介质对纸浆纤维进行分散、输送和上网成形，促使纤维间结合形成具有一定物理机械强度的纸张。随着造纸工艺技术和机械设备水平的提升，造纸行业历经了从手工抄纸到机器抄纸的转变，但传统湿法造纸的工艺精华得到了很好的保留与传承。

2) 干法造纸

干法造纸主要通过机器或使用空气气流对纸浆纤维进行分散而形成纸张。目前干法造纸仅可满足输送原料和分散纸浆纤维等工艺需要，无法直接提高纸张的物理机械强度，主要用于特种纸张的抄造，产量所占份额非常小。

3.1.2　造纸工艺流程

造纸工艺流程主要分为制浆、抄纸、涂布、加工4个工段。各工段具体工艺流程见图3-1~图3-4。

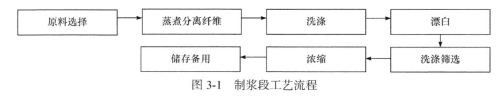

图 3-1　制浆段工艺流程

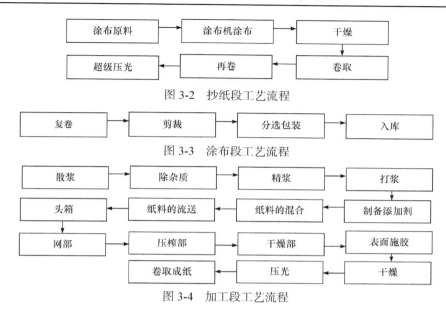

图 3-2　抄纸段工艺流程

图 3-3　涂布段工艺流程

图 3-4　加工段工艺流程

在以上工艺中，纸张的质量主要由打浆和制备添加剂这两个环节控制。造纸工业中的添加剂也即造纸化学品。

1. 打浆

在抄纸阶段过筛后的纸浆，不能直接用于造纸。通过物理方法使纸浆纤维具有适应生产的物理机械特性，并使纸张性能达到预期质量的过程称为打浆。

未经过打浆的浆料中纤维束众多，而纤维表面十分光滑、弹性大，纤维间结合性能较差，若使用未经过打浆的浆料进行抄纸，会使纸张疏松多孔，表面易起毛，物理机械性能下降等，难以满足实际生产要求。

打浆的主要目的为：

(1) 通过物理方法，对纤维悬浮液进行机械处理，使纤维受到剪切作用，进而改变纤维形貌，提高其物理机械特性，以保证产品取得预期的质量要求。

(2) 提高纸基材料在筛网上的过滤性能，以适应实际生产需求。

2. 造纸化学品

为了提高纸张的功能性，造纸过程中可加入造纸化学品，如助滤剂、阻垢剂、增强剂、消泡剂、絮凝剂等。这些添加剂一般具有增强作用显著、附加值大和使用量较少等优点。

造纸化学品在造纸过程中必不可少。合理利用造纸化学品对企业的生存和发展至关重要。可以预见，随着造纸机械生产力的不断发展和对纸张质量要求的提高，将有更多的造纸化学品被使用。

1) 造纸化学品的发展趋势

(1) 随着可再生生物质植物纤维产品数量的日益增多，未来会更多应用于纸张或纸基板。基于此，相应的造纸化学品的种类和需求会逐渐增多，同时功能性也会不断提升。

(2) 考虑到我国纤维资源短缺的现状，其他再生纤维添加剂的研究将会越来越受重视。

(3) 随着人们环保意识的不断提高，环保及绿色添加剂是未来发展的方向。

2) 造纸化学品的分类

造纸化学品的种类繁多，各具特点，按照使用目的和作用，可将其分为功能型化学品和控制型化学品。

功能型化学品作为纸基的重要组成成分，可提高纸张的性能。例如，定着剂可提升纸张的防潮、耐水性能；颜料可增加纸张的色泽度、均匀度并改善印刷性能；染料可使纸张着色，满足生产色纸的需求；增强剂可提高纸张的干湿强度；光学改性剂可提高纸张的光泽度等。

控制型化学品可用于改善造纸企业生产环境，并且可实现工艺流程的改进。一般控制型化学品对纸张的性能影响甚微。

3.2　超支化聚合物在造纸化学品中的应用

近年来，随着科学技术的迅猛发展，我国的造纸工业处于高速发展和变革的时期，主要表现为：造纸机器逐渐机械化；抄造系统不断向中碱性转型；为适应环境保护和节约资源的要求，白水封闭循环的程度不断提高；为应对木材原料短缺的问题，大量的非木材纤维、再生纤维以及高得率纸浆用于造纸；等等。这些革新使造纸工艺日益完善，从而对添加剂提出了更高的要求。目前，我国在造纸助剂的研发、生产和应用方面还比较落后，远不能满足现代造纸工业发展的要求。因此，研制和应用多功能、高效且价廉的化学助剂是十分必要的。

造纸工业是与国民经济和人类文明进步密切相关的基础产业。据中国造纸协会的相关统计，2018 年全国制造纸和纸基板材料的企业约 2700 家，全国纸及纸板生产量 10435 万 t，较上年增长 -6.24%；消费量 10439 万 t，较上年增长 -4.20%，人均年消费量为 75kg(13.95 亿人)。2009～2018 年，纸及纸板生产量年均增长率 2.12%，消费量年均增长率 2.22%。由于我国森林资源短缺，非木材纤维、再生纤维和高得率纸浆在造纸工业中应用广泛，然而这些纤维强度低、性能较差和杂质较多，决定了我国造纸化学品的应用基础不同于欧洲和北美等发达地区。

超支化聚合物具有与树状大分子类似的高度支化结构，在现代造纸工业中，利用超支化聚合物的结构特点，可将其用作增强剂、助留剂、阻垢剂、絮凝剂，实现对造纸工业技术的改善。

3.2.1　超支化聚合物用作造纸增强剂

强度是纸张的结构性质。为了降低生产成本，造纸业所使用纤维的性能逐渐变差。多数种类的纸和纸板(包括薄纸和卫生用纸)需要添加增强剂来达到对纸张强度的要求。某些纸种只需要一定的干强度，但也有一些纸种不但需要一定的干强度，还需要良好的湿强度，包括生活用纸，如餐巾纸、卫生纸、面巾纸等，以及适用于现代胶版印刷的印刷纸张。

在现代造纸技术中，添加增强剂已经成为提高纸张强度的主要方式，这样既可以达到纸张所需的强度性能，又能降低生产成本、提高纸页的表面性能。因此，纸张增强剂越来越受到重视。纸张增强剂种类繁多、性质各异，可以根据纸机湿部系统和对纸张具体性能的需求选择合适的纸张增强剂。

张秀青[1]采用季戊四醇为核试剂，与二羟甲基丙酸单体反应，通过"一步法"合成超支化聚酯，合成路线见图 3-5，然后利用马来酸酐对其进行端基改性，引入羧基，合成了新型的丙烯酸乳液作为纸张增强剂。

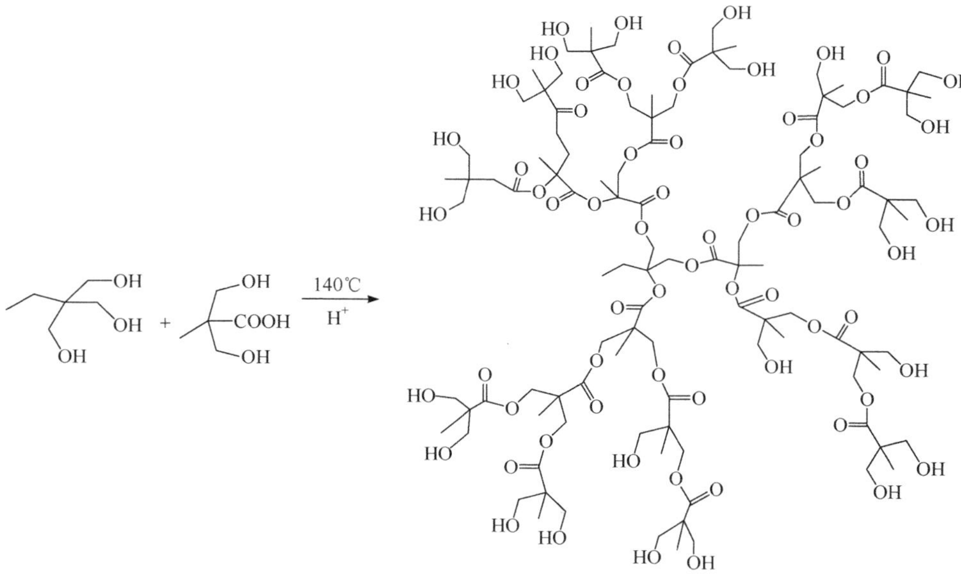

图 3-5　超支化聚酯的合成路线[1]

在造纸工业中添加超支化聚酯合成的纸张增强剂后，可改善纸张表面纤维的分散状态，并使纤维间的结合作用加强，进而纸张机械强度得以提高。将这种增强剂应用于木浆的结果表明，当增强剂用量为 0.8%(对绝干木浆)且硫酸铝用量为 0.5%时，增强效果最佳，其中纸张抗张强度和撕裂强度分别提高了 26.73%和 39.51%，浆料 pH 对增强效果影响不大；而在脱墨浆中的应用结果表明，该增强剂对撕裂强度影响较大，当用量为 0.8%时，撕裂强度增幅可达 112.73%，而抗张指数只增加了 13.51%。

袁朝扬[2]用甲基丙烯酰氧乙基三甲基氯化铵和丙烯酸为原料，选用 N,N-亚甲基双丙烯酰胺和甲基丙烯磺酸钠为结构改性助剂合成支链状两性聚丙烯酰胺，合成路线见图 3-6。将制备的支链状两性聚丙烯酰胺用于增强纸张强度，当用量为 0.5%(固体物质量相对于绝干纤维质量)，作用 5min 后纸张的抗张强度提高了 27.1%，撕裂强度提高了 8.8%，与其他增强剂相比，增强效果提升明显。

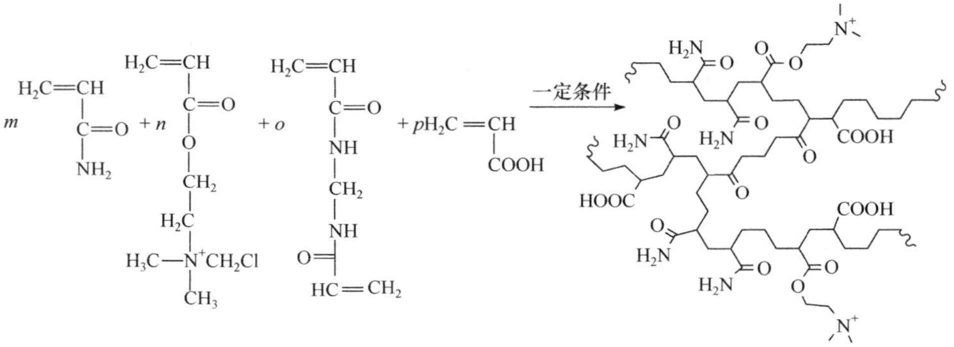

图 3-6　支链状两性聚丙烯酰胺的合成路线[2]

3.2.2　超支化聚合物用作造纸助留、助滤剂

在造纸过程中，想要细小组分能够留在浆料中，可通过电荷中和、补丁机理和桥联机理来实现胶体絮聚。

1) 电荷中和

纸基材料的粒子表面带有负电荷，相互间存在着排斥力。如果加入一些助剂，可中和粒子表面的负电荷，这样粒子之间的静电排斥力就会消失或减弱，此时范德华力会引导粒子之间发生聚集。一般这类助剂具有分子量低、电荷密度高等特点。

2) 补丁机理

阳离子型聚合物中的电荷可先吸附浆料中的部分细小组分，进而使得局部区域呈阳电荷性，这些区域可吸附带负电荷的其他细小组分，从而产生相互嵌着作用。

3) 桥联机理

长链高分子聚合物可在浆料中的纤维和填料离子的间隙中架桥，进而产生聚集作用。

超支化聚合物具有分子量低、阳电荷密度高、分支度高等特点,对纸浆有一定的助留作用。此外,超支化聚合物的对称结构使其具有更大的剪切应力。

Shin 等[3]以季戊四醇三丙烯酸甲酯为成核分子,与丙烯酰胺及三甲胺基丙烯酸乙酯反应,合成了超支化聚丙烯酰胺聚合物(结构见图 3-7),并探讨了该物质对细小纤维及填料的留着性能。

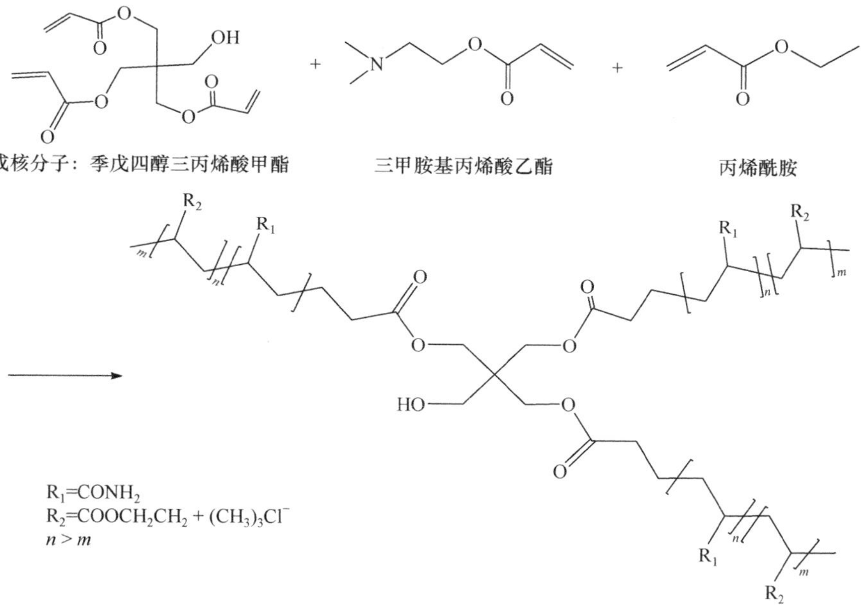

成核分子: 季戊四醇三丙烯酸甲酯　　　　三甲胺基丙烯酸乙酯　　　　丙烯酰胺

$R_1=CONH_2$
$R_2=COOCH_2CH_2 + (CH_3)_3Cl^-$
$n > m$

图 3-7　超支化聚丙烯酰胺结构[3]

Shin 等[3]利用超支化聚丙烯酰胺在造纸中进行留着实验,结果表明:超支化型的助留剂对细小纤维的助留效果相比线型助留剂更为显著,由于超支化的聚丙烯酰胺形成的絮聚体的抗剪切力比线型聚丙烯酰胺的大,且高支化的聚丙烯酰胺与胶体硅胶复合使用形成的絮聚体尺寸较小,结构紧密,在纸张可以更加均匀地分布。所以,超支化聚合物作为造纸助留剂的效果优于线型助留剂。

Peng 等[4]选取 5.0 代树枝状聚酰胺-胺(G5.0 PAMAM)、聚氧化乙烯(PEO)、丙烯酰氧乙基三甲基氯化铵(DAC)为原料,即在 G5.0 PAMAM 树状分支的基础上,以 PEO 大分子为单体和 DAC 基团为单体,通过迈克尔加成反应,合成了以 PEO 长链为臂的星形超支化聚合物(G5.0 PAMAM/PEO)和以阳离子 PEO 长链为臂的星形超支化聚合物(G5.0 PAMAM/DAC/PEO),其合成路线见图 3-8。研究表明,以阳离子 PEO 长链为臂的星形聚合物对纸浆纤维的助留效果较好,有望成为造纸中新的助留剂。

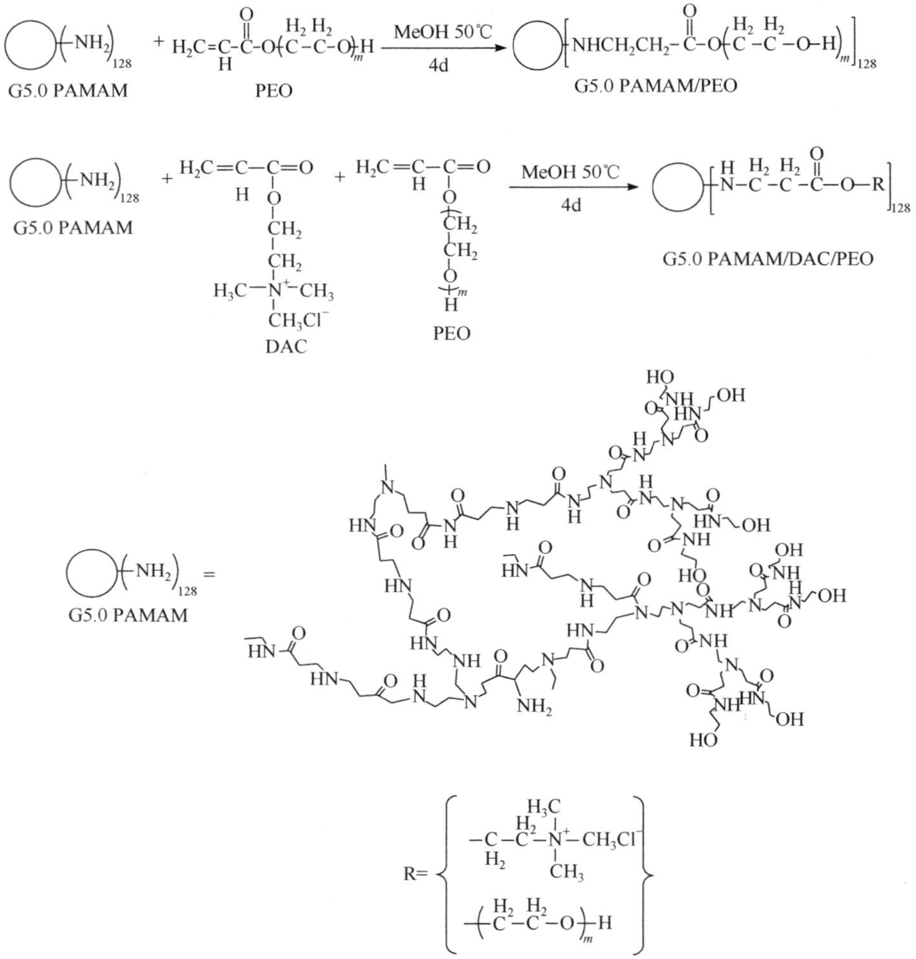

图 3-8　G5.0 PAMAM/PEO 与 G5.0 PAMAM/DAC/PEO 的合成路线[4]

　　傅英娟等[5]以季戊四醇为原料，与硝酸铈铵组成氧化还原引发体系，以引发丙烯酰胺(AM)和季铵型阳离子单体甲基丙烯酰氧乙基三甲基氯化铵(DMC)进行自由基共聚，合成了星形结构的阳离子聚丙烯酰胺(S-CPAM)，合成路线见图 3-9。

　　傅英娟等[5]还研究了 S-CPAM 的助留、助滤效果。当用作漂白麦草浆助留助滤剂，S-CPAM 的最佳合成条件：反应温度为 30℃，反应时间为 6h，单体总浓度为 2207mol/L，氧化剂浓度为 724mmol/L，还原剂浓度为 1.81mmol/L。研究结果表明，合成的 S-CPAM 在较大的剪切力和 pH 条件下也具有较好的助留、助滤效果。

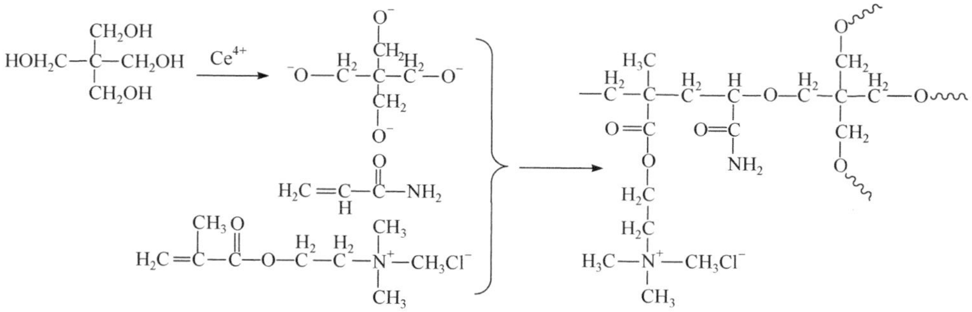

图 3-9　S-CPAM 的合成路线[5]

3.2.3　超支化聚合物用作造纸阻垢剂

造纸工业中会产生大量的废水，为了减少工业废水排放，需要提高水循环利用率。但是水的循环次数增加，会导致造纸设备结垢。为了避免这一问题，一般在造纸的浆料和循环系统中添加一定量的阻垢剂达到除垢、抑垢的清洁作用。

超支化聚合物具有低黏度、高反应活性和良好的相溶性等优良性能，通过改变其结构或对其端基进行功能修饰可制备多种功能性新材料。对超支化聚合物改性使其具有螯合与分散各种垢晶体、吸附于金属表面形成保护膜的潜在能力，从而可用于缓蚀阻垢剂的制备。

钱凯等[6]以丙烯酸甲酯、二乙烯三胺为原料，甲醇为溶剂，采用 AB_x 型单体自缩合法合成超支化聚酰胺基体 HBP-NH$_2$，合成路线见图 3-10。通过丙烯酸钠对

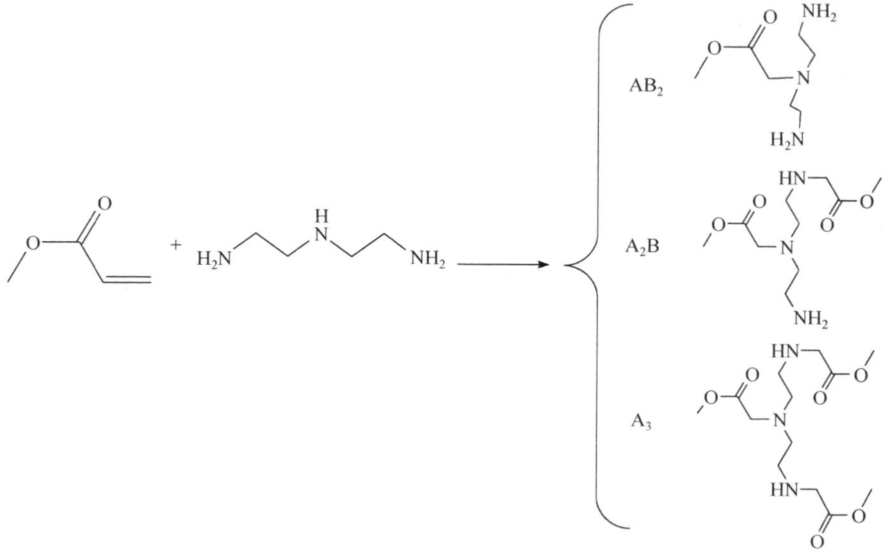

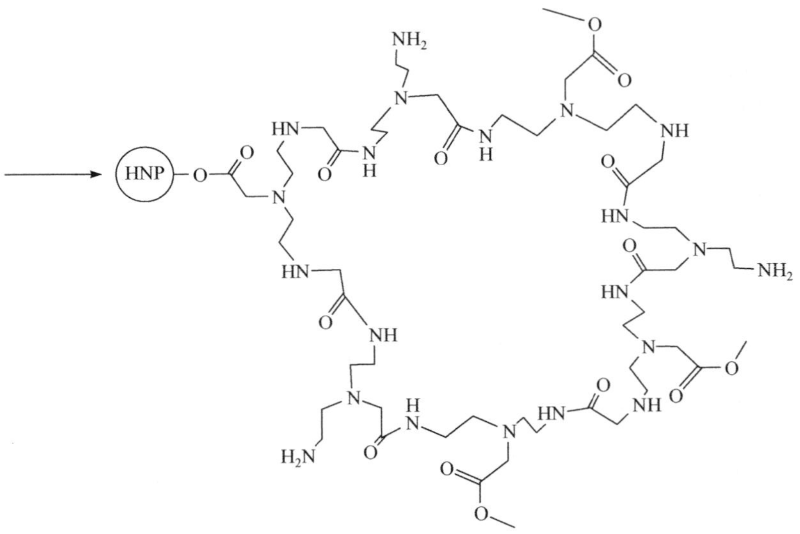

图 3-10 超支化聚酰胺基体 HBP-NH₂ 的合成路线[6]

其进行端氨基改性，合成具有阻垢性能的端羧基超支化聚合物 HBP-COOH。

采用单因素法考察了单体反应时间、原料物质的量的比、缩聚反应时间、缩聚反应温度及丙烯酸钠投加量对阻垢效果的影响。得出的最佳制备工艺条件：单体反应时间为 4h，$n(MA):n(DETA)=1.5:1$，缩聚反应时间为 4h，缩聚反应温度 100℃，$n(SAA):n(—NH_2)=3.5:1$。通过静态阻垢法对其阻垢性能进行初步评价，结果表明，HBP-COOH 对 $CaSO_4$ 具有良好的阻垢效果，当投加量为 8mg/L 时，其对 $CaSO_4$ 的阻垢率可达 96.31%。

龚伟等[7]以三羟甲基丙烷(TMP)为中心核，以柠檬酸为 AB₃ 型共聚单体，通过酯化反应，得到端羧基型的超支化聚合物(HBP-COOH)，结构见图 3-11。

龚伟等[7]将其应用于阻垢方面，探讨了用量、溶液 pH 碳酸钙和硫酸钙对其阻垢效果的影响。结果表明，HBP-COOH 对 $CaCO_3$ 和 $CaSO_4$ 有良好的清洁作用，当用量为 10mg/L 时，阻垢率高达 96.3%；其用量为 20mg/L 时，阻垢率可达 92.8%，且在 pH 为 6~9 使用时，具有较高的阻垢率。扫描电子显微镜分析表明，HBP-COOH 能抑制钙垢晶体的生长，使晶体产生大量缺陷，并使晶体体积发生变化，从而起到抑制结垢的作用。

3.2.4 超支化聚合物用作造纸絮凝剂

为了有效处理造纸生产过程中的工业废水，迫切需要开发更多高性能、功能性的水处理剂。絮凝剂可以使水中的悬浮颗粒、胶体和溶质产生絮状沉淀并沉降

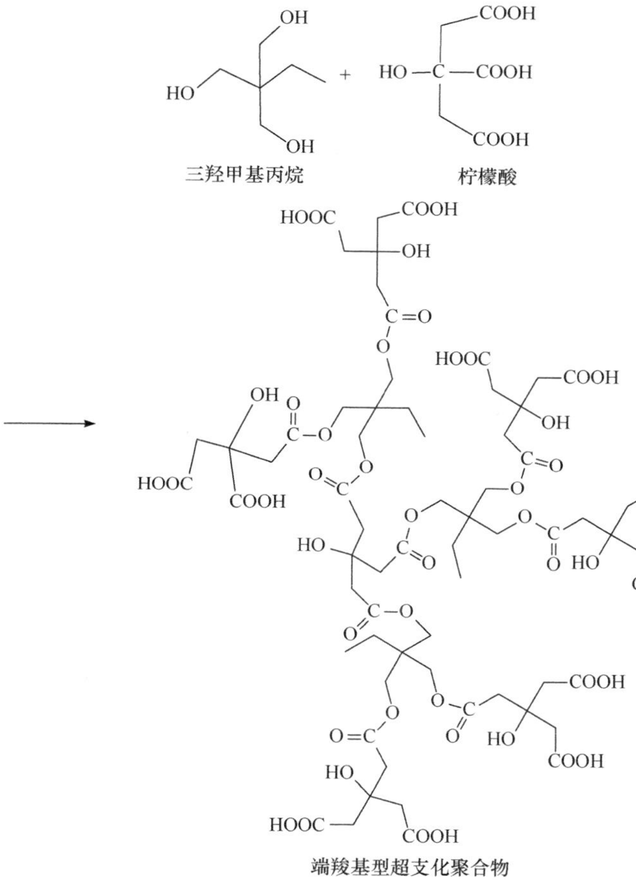

图 3-11　端羧基型超支化聚合物结构[7]

下来。超支化聚合物可获得普通线型高分子絮凝剂没有的絮凝效果，因此可以将其应用于造纸工业的废水处理中。

郭睿等[8]以丙烯酰胺、丙烯酰氧乙基三甲基氯化铵、2-丙烯酰胺-2-甲基丙磺酸、正硅酸乙酯为原料，季戊四醇为支化剂，硝酸铈铵为引发剂，制备了一种超支化两性聚丙烯酰胺。其合成路线见图 3-12。

在超支化两性聚丙烯酰胺的基础上，郭睿等[8]利用响应曲面法确定了最佳工艺条件：引发剂占总单体质量的 0.05%，正硅酸乙酯占丙烯酰胺质量的 2.5%、反应温度为 50℃。在超支化两性聚丙烯酰胺投加量为 25mg/L、硅藻土悬浮液 pH 为 6 的条件下，硅藻土悬浮液上清液透光率达 97.69%，絮凝时间仅需 8s，表明这种超支化两性聚丙烯酰胺对工业废水具有较好的絮凝效果。

此外，钱锦文等[9]以高价铈盐(硝酸铈铵)和多羟基有机物(丙三醇、季戊四醇、蔗糖)为引发剂，使丙烯酰胺自由基聚合，成功合成出星形结构超支化聚丙烯酰胺絮凝剂，并在造纸工业废水处理中得到广泛的应用。

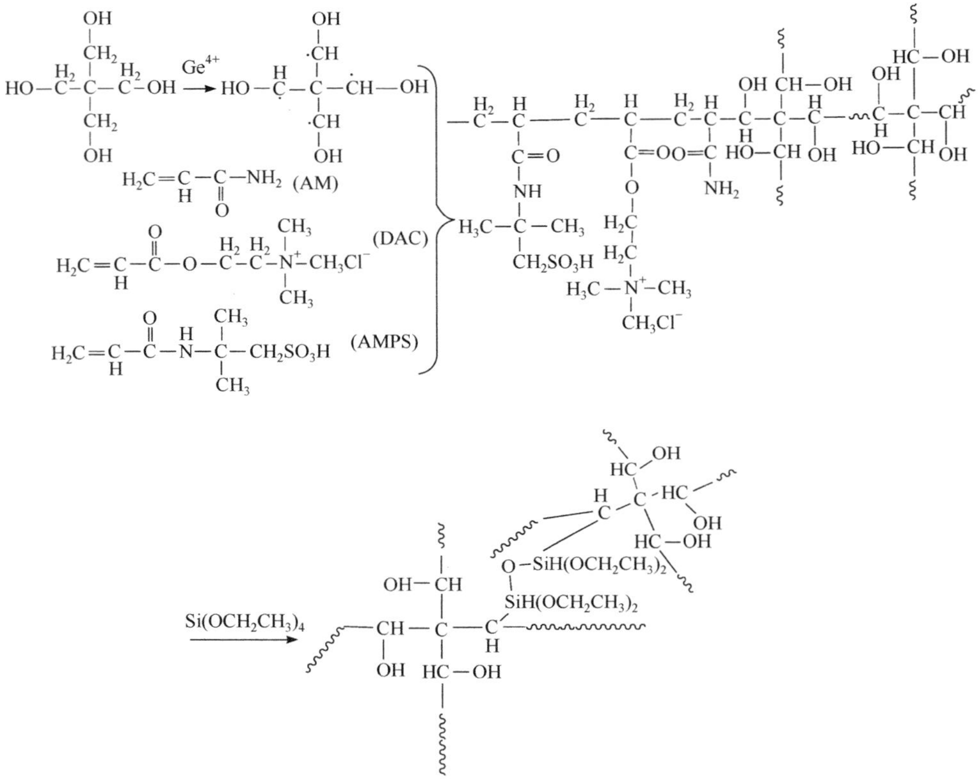

图 3-12　超支化两性聚丙烯酰胺的合成路线[8]

超支化聚合物由于其独特的结构，表现出了很多优良的特性，被广泛应用于各行各业。作为衡量国家整体经济实力的产业之一，造纸工业需要开发更加绿色、环保、高效的生产工艺。因此，将具有优良特性的超支化聚合物应用于造纸工业中，将会为造纸工业带来发展和革新。

参 考 文 献

[1] 张秀青. 超支化聚酯的合成及其应用研究[D]. 济南: 山东轻工业学院, 2008.

[2] 袁朝扬. 超支化聚丙烯酰胺及其改性物造纸用增强剂的制备与应用[D]. 天津: 天津科技大学, 2012.

[3] SHIN J H, HAN S H, SOHN C, et al. Highly branched catonic polyelectrolyte finesretention[J]. Tappi Journal, 1997, 80(10): 185.

[4] PENG X, PENG X and ZHAO J. Synthesis and application of polyoxyethylene-grafted cationic polyamidoamine dendrimers as retention aids[J]. Journal of Applied Polymer Science, 2007, 106(5): 3468-3473.

[5] 傅英娟, 石淑兰, 邱化玉, 等. 星形阳离子聚丙烯酰胺的助留助滤性能[J]. 中国造纸, 2007, 26(4): 19-23.

[6] 钱凯, 秦冬玲, 徐异峰, 等. 端羧基超支化聚酰胺阻垢剂的合成研究[J]. 现代化工, 2018, 38(2): 127-131.

[7] 龚伟, 李美兰, 杨文凯, 等. 端羧基型超支化聚合物在阻垢中的应用[J]. 水处理技术, 2019, 45(4): 63-67.

[8] 郭睿, 土瑞香, 王瑛瑛, 等. 响应面法优化两性超支化聚丙烯酰胺合成及性能研究[J]. 工业水处理, 2018, 38(4): 69-73.

[9] 钱锦文, 王猛, 杨鹜远. 星形聚丙烯酰胺絮凝剂的合成与表征[J]. 高分子材料科学与工程, 2003, 19(6): 58-61.

第4章　超支化聚合物在合成革工业中的应用

4.1　概　　述

我国是世界最大的合成革制造国。目前对合成革的定义还没有统一的规定，不同的标准对其定义也不相同。我国一般采用《中国大百科全书》(轻工)对人造革与合成革的定义。

人造革是一类外观、手感类似皮革的合成材料。通常以织物为底基，由各种功能助剂涂覆后制成的配混料制革。

合成革是模拟天然皮革的组成和结构的合成材料。通常，以浸渍的无纺布为网状层，微孔聚氨酯(PU)层为粒面层，手感和柔软度类似天然皮革，并具有一定的透气性。

对人工皮革的研究，起源于 20 世纪初。人工皮革的发明，解决了天然皮革资源有限的问题。为了尽可能地使人工皮革达到与天然皮革相似的物理特性，对基布和树脂涂层两个方面进行了持续不断的研究和改进，主要经历了三个阶段：①PVC 人造革阶段；②普通合成革阶段；③超细纤维合成革阶段。

PVC 人造革是第一代人工皮革。20 世纪 20 年代，科学家们通过对天然皮革化学成分和组织的分析研究，以及对天然高分子进行化学改性，于 1921 年研发出硝化纤维漆布，标志着 PVC 人造革的起步。1931 年使用贴合法生产的 PVC 人造革，是人工皮革的第一代产品。随后，聚氯乙烯高分子材料的出现推动了人造革行业的发展。聚氯乙烯添加增塑剂、稳定剂等后制成的合成材料极易着色，且涂层凝胶化后，经印花、压纹等后处理后，可制成外观及质感与皮革类似的多种合成材料。PVC 人造革具有强度高、色泽光亮、耐磨性强、耐水洗、防酸耐碱和成本低等特点，且生产简便，原料丰富，产品质量均一，便于剪裁使用，广泛用于制作服装、鞋帽、箱包、家具、装饰品及各种工业配件。但是，PVC 人造革存在如下缺点：透气、透湿性能差；涂层与基布粘接牢度差，易于剥离；耐候性差，手感僵硬，柔软性差，难于降解等。这直接限制和影响了 PVC 人造革产品的应用范围和效果。

为了克服 PVC 人造革的缺点，科学家们经过多年的努力，终于获得了突破性的进展。这期间标志性的事件有：1953 年德国拜耳申请了 PU 合成革专利；1963 年日本兴国化学公司制造出 PU 合成革；1964 年美国杜邦公司开发出一种用作鞋帮的 PU 合成革。总体上看，20 世纪 60 年代，PU 产品的应用推动了人工皮革行业的技术发展，开始出现以 PU 为原料涂覆于各种基材的人工皮革。

与 PVC 人造革相比，聚氨酯合成革具有和基材粘接性能好、抗磨损、耐挠曲、抗老化等性能；在外观上则表现为光泽柔和、自然，手感柔软，真皮感强；同时具备较好的保温、透气和耐水洗等特点。优异的性能和相对低廉的价格，使聚氨酯合成革发展很快，应用领域不断拓宽。但由于聚氨酯合成革基布纤维属于传统纤维，产品的表观密度和纤维比表面积相对较低，纤维间结合性能差，各方面性能(特别是柔软度与弹性等)与天然皮革相比存在一定差距。

超细纤维 PU 合成革采用束状超细纤维加工制成的高密度无纺布，并将聚氨酯填充至纤维间隙，经特殊的后加工整理而成。超细纤维 PU 合成革结合新型 PU 浆料浸渍、复合面层的加工技术，发挥了超细纤维大比表面积和强烈的吸水性作用，使得超细纤维 PU 合成革拥有了天然革的吸湿特性，以及比真皮更优越的物性：耐撕裂强度高，拉伸强度好，耐磨性能佳，耐水解，耐酸碱腐蚀，质量轻，柔软透气好，厚度均匀统一。在耐化学性、质量均一性、生产加工适应性以及防水、防霉变性能等方面大大超越了天然皮革。

超细纤维和聚氨酯复合制成的合成革，是一种全新的、性能与功能卓越的新型材料，是目前材料间相互结合的典范，实现了由"仿制"到"仿真"的跨越，是一个可以创新且潜力巨大的新型研究领域。

合成革加工[1]就是将基布和涂层材料结合起来的工艺技术，按生产方法可以分为干法聚氨酯(简称干法 PU)工艺和湿法聚氨酯(也称凝固涂层)工艺。

干法工艺是将合成革树脂中的溶剂挥发成膜而得到合成革产品的一种工艺。干法 PU 革工艺可分为直接涂层法和转移涂层(离型纸)法。直接涂层法将涂层剂直接涂覆在基材上，基材可以是织物，也可以是凝固涂层的产品或转移涂层的产品。转移涂层法将配制好的面层树脂(或加上底层树脂)利用刮刀涂覆在片材载体(离型纸或钢带)上，面料经过干燥成膜、冷却工艺后，二次涂覆上黏结层树脂(合成革用聚氨酯胶黏剂)，与织物或革基叠合，经过压合、干燥、冷却等处理后，将载体剥离，涂膜从载体上转移到织物(基布)上，如离型纸带有花纹，则涂层的表面带有离型纸花纹。

湿法工艺是通过水浴将合成革树脂中的溶剂置换出来并干燥成膜的一种工艺。湿法聚氨酯工艺的一般流程是：在聚氨酯树脂中加入 DMF 溶剂、填料和其他助剂制成浸渍液，经过真空机物理脱泡后，浸渍或涂覆在基布上，然后放入水中置换溶剂(通常为 DMF)，聚氨酯树脂逐渐凝固，从而形成微孔聚氨酯粒面层，再通过辊压、烘干定型、冷却，得到半成品合成革基材。行业中将这种半成品革称为 Base(俗称"贝斯")，即基材、革基。

湿法合成革 Base 的生产方法可分为直接涂覆法、浸渍法和含浸涂覆法三种，所用树脂一般是一液型的，以 DMF 为溶剂，所用基布有纺织布和无纺布两种。

1) 直接涂覆法

直接涂覆法又称单涂覆法，即将配制好的聚氨酯浆液直接涂覆在底基布上，然后经过凝固水浴形成多孔结构。另外，也有转移涂覆法，将聚氨酯混合浆液涂覆在聚酯薄膜上，水凝固后再与基布贴合。采用的原料一般有湿法聚氨酯树脂、用作填料和控制泡孔的木质素、亲水性的阴离子表面活性剂(如快速渗透剂 C-70、C-90)、疏水性的非离子表面活性剂(如斯盘 80)、稀释溶剂 DMF、色浆等。

2) 浸渍法

浸渍法又称浸渍凝固法、含浸法，是将基布浸入调配好的聚氨酯树脂浆料混合液中，轧去多余的浆料后，放入凝固浴槽中进行湿法处理，再进行水洗、定幅、干燥，形成微孔 Base 半成品，一般根据需要进行仿磨皮、干式贴合、印刷、压花等后加工整理，得到 PU 合成革成品。

3) 含浸涂覆法

含浸涂覆法又称浸渍-涂覆法，将基布浸渍聚氨酯浆料后，通过水凝固浴后，经挤压、烫平、基布干燥，在其正面再涂覆一层聚氨酯混合液，然后再次入水凝固，经处理后得到聚氨酯 Base。该工艺相当于浸渍法和涂覆法的加和。含浸涂覆 Base 所用的原材料与单含浸及单涂覆 Base 所用的原料相同。

不论干法还是湿法，制造的 Base 表面必须经整饰后，才能成为聚氨酯合成革成品。对基布进行整理修饰，赋予表面特殊的颜色与花纹，从而达到外观与内在使用性能的要求，是提升合成革产品质量的重要环节。Base 后整理的目的主要体现在：

(1) 改色增加花色品种，增加革的美观性，满足客户对于不同颜色的需求。

(2) 增光、消光、抛光等改进或提升涂层的光泽，满足客户对于不同光泽的需求。

(3) 使成品更耐用。

(4) 印花、压花、抛光、磨皮、揉纹等工序增加革的品种，满足潮流趋势。纹路如山羊皮纹、鳄鱼纹、蟒蛇纹、麻将纹等，潮流革如"仿古""荧光""珠光"等，另外如打光效应、仿磨砂效应、油或蜡变色效应、滚筒印刷效应、水洗效应、漆革效应、抛光变色效应、开边珠效应等也因风格独异、美观、艳丽、奢华而深受消费者喜爱。

(5) 赋予合成革特殊的功能，如防水、防油、防雾化、耐寒、耐黄变、远红外吸收、抗菌防霉等，增加其商业价值。

4.2 超支化聚合物在超细纤维合成革后整饰中的应用

与天然皮革相比，超细纤维合成革的染色性能、吸湿透湿性能及悬垂性能等较差，因此需要在超细纤维合成革后整饰加工中进行改进处理。可通过在超细纤维合成革中的纤维上引入活性基团来改善上述性能。超支化聚合物因独特的结构如高度支化，大量的端基，无链缠绕，黏度较低，不易结晶，与其他高分子材料相容性良好，可将其作为改性剂处理超细纤维合成革基布，增加超细纤维合成革基布上的活性基团，提高超细纤维合成革的吸湿透湿性、染色性以及物理机械强度等。

强涛涛[2]采用二乙醇胺与丙烯酸甲酯反应得到 AB_2 型单体 N, N-二羟乙基-3-氨基丙酸甲酯，然后采用有核"一步法"，以三羟甲基丙烷为核，在对甲苯磺酸的催化下，与 N, N-二羟乙基-3-氨基丙酸甲酯(合成路线见图 4-1)反应得到端羟基超支化聚合物，见图 4-2。

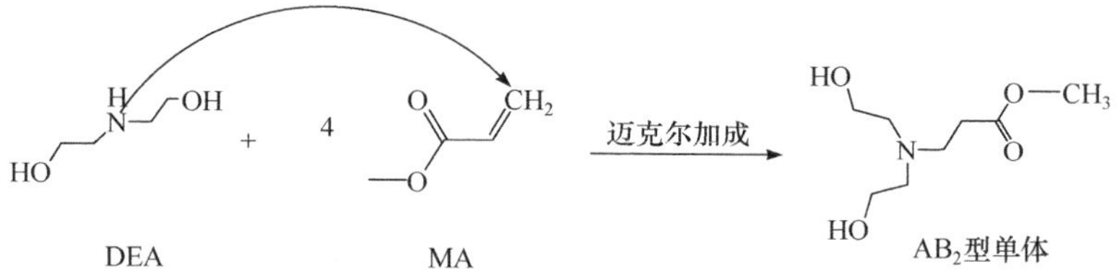

图 4-1 N, N-二羟乙基-3-氨基丙酸甲酯合成路线图

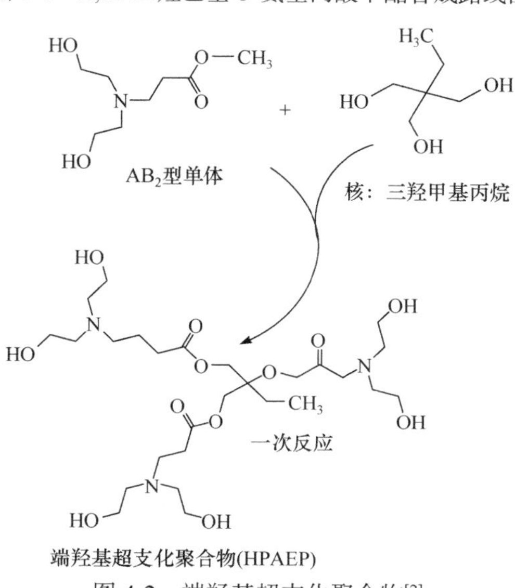

端羟基超支化聚合物(HPAEP)

图 4-2 端羟基超支化聚合物[2]

在上述端羟基超支化聚合物基础上，采用马来酸酐对端羟基超支化聚合物进行改性，得到端羧基超支化聚合物，见图 4-3。

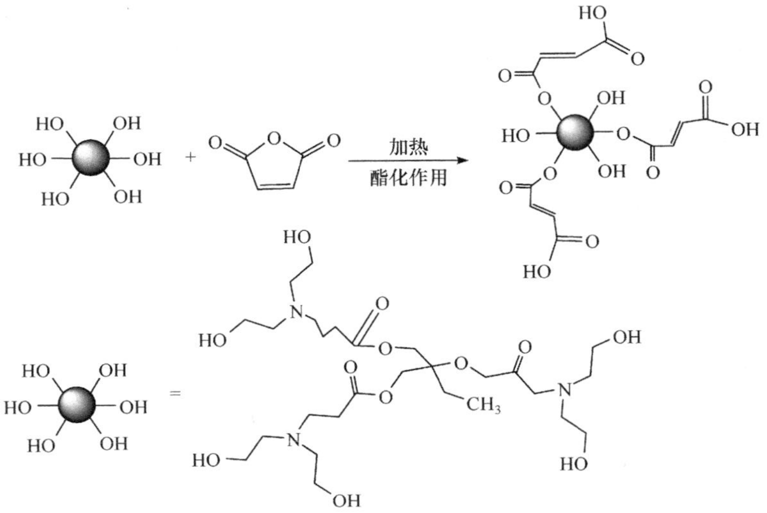

图 4-3　马来酸酐改性端羟基超支化聚合物得到的端羧基超支化聚合物[2]

最后，用上述端羟基超支化聚合物和端羧基超支化聚合物处理超细纤维合成革基布，具体处理工艺如下：

取尺寸相近的超细纤维合成革(不定岛)(简称为合成革)，分别测量其面积、厚度，并称量其质量(作为用料依据)。沸水煮 10min 后在染色机中作用 30min，用甲酸调 pH 至 4.5～5.0，此时温度为常温，液比为 20。然后加入染料，染色时间为 1h，温度为 90℃。加入超支化聚合物处理，时间为 1h，温度为 40℃。加入固色剂 0.5%(质量比)，温度控制在 70℃，转 40min。皂洗 2 次(0.5%的洗衣粉，室温下搅拌 10min)，并水洗 3 次(室温下搅拌 10min)。挂晾干燥。

以下是不同染料用量与端羟基超支化聚合物和端羧基超支化聚合物用量下合成革物理性能的变化情况。

1) 合成革厚度、面积变化情况及分析

由表 4-1 和表 4-2 可知：经过工艺处理的合成革厚度均增加；与空白样相比，经端羟基超支化聚合物和端羧基超支化聚合物处理后，大部分合成革厚度增加大于空白样，这与超支化聚合物对合成革具有一定的填充作用有关系。经过工艺处理的合成革面积均减小；与空白样相比，加入端羟基超支化聚合物和端羧基超支化聚合物后，合成革面积减少的规律不明显，总体上看加入超支化聚合物后合成革的面积减少率大于空白样，这是因为超支化聚合物填充于纤维之间，厚度有所增加，而面积相对减少了。

表 4-1　合成革厚度增加率　　　　　　　　(单位：%)

染料用量	空白	端羟基超支化聚合物用量					端羧基超支化聚合物用量				
		1	3	5	8	10	1	3	5	8	10
5	12.72	13.80	12.21	9.452	14.34	13.23	12.30	9.160	9.524	11.60	11.65
8	9.673	11.60	10.26	11.034	12.02	10.81	8.889	11.75	14.84	14.04	14.35
10	9.979	13.48	13.29	12.24	11.96	13.59	13.89	11.99	13.23	8.333	10.89
15	9.946	12.09	13.10	7.093	13.88	13.32	13.32	13.83	7.958	13.45	8.512
20	12.93	11.28	13.45	12.89	14.56	12.32	10.81	10.56	16.89	13.99	12.54

表 4-2　合成革面积减少率　　　　　　　　(单位：%)

染料用量	空白	端羟基超支化聚合物用量					端羧基超支化聚合物用量				
		1	3	5	8	10	1	3	5	8	10
5	5.711	7.895	8.178	8.226	7.030	7.062	6.870	8.095	8.204	6.038	6.771
8	7.633	5.248	4.744	8.834	5.315	7.240	5.006	6.397	7.402	4.794	8.092
10	6.232	3.867	7.659	7.584	6.797	8.322	7.443	5.019	5.903	7.364	7.192
15	3.601	7.267	8.124	3.54	5.526	7.294	4.545	5.576	1.725	6.185	3.678
20	7.683	3.985	7.268	4.163	6.725	6.840	6.016	4.515	7.113	6.865	7.382

2) 透气性分析

从表 4-3 可知：染料用量与端羟基超支化聚合物和端羧基超支化聚合物用量的变化对合成革透气性影响不大。各数间的偏差均在实验允许误差(0.5s)范围内。虽然端羟基超支化聚合物和端羧基超支化聚合物在理论上具有填充作用，会影响超细纤维合成革的透气性，但是从实验结果分析可知，超支化聚合物的加入并没有降低合成革的透气性能，这是因为超细纤维合成革的微孔太多。

表 4-3　不同染料用量和超支化聚合物用量条件下合成革的透气性

染料用量/%	空白	端羟基超支化聚合物用量/%					端羧基超支化聚合物用量/%				
		1	3	5	8	10	1	3	5	8	10
5	20.33	20.45	20.37	20.20	20.41	20.50	20.28	20.63	20.30	20.29	20.25
8	20.40	20.33	20.41	20.38	20.63	20.24	20.53	20.40	20.22	20.27	20.39
10	20.38	20.40	20.23	20.49	20.34	20.47	20.55	20.43	20.38	20.44	20.54
15	20.45	20.25	20.54	20.34	20.57	20.49	20.44	20.57	20.34	20.31	20.36
20	20.55	20.45	20.67	20.44	20.31	20.32	20.35	20.57	20.46	20.27	20.34

注：表中所列值为测得的时间(s)。

3) 透水气性和吸湿性分析

(1) 在染料用量为5%条件下,端羟基超支化聚合物(HPAE-H)和端羧基超支化聚合物(HPAE-C)的用量与透水气性(W)和吸湿性(H)的关系分别见图 4-4 和图 4-5。

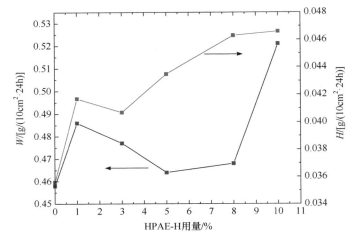

图 4-4　染料用量为 5%时 HPAE-H 用量与合成革透水气性及吸湿性的关系

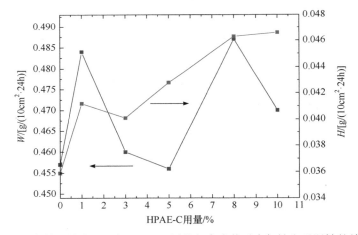

图 4-5　染料用量为 5%时 HPAE-C 用量与合成革透水气性和吸湿性的关系

从图 4-4 可以看出，随着端羟基超支化聚合物用量的增加，超细纤维合成革的透水气性和吸湿性的变化趋势基本相同：先增大后减少，然后再增大；当端羟基超支化聚合物的用量为 10%时，合成革的透水气性和吸湿性均达到最大值，分别为 0.5204g/(10cm^2 · 24h)和 0.0467g/(10cm^2 · 24h)。

超细纤维合成革的透水气性和吸湿性的变化呈现图 4-4 所示趋势，一方面是因为端羟基超支化聚合物分子中含有的大量极性基团增加了合成革的亲水基团，它们对合成革的透水气性和吸湿性产生了影响。纤维大分子上是否存在亲水性基团，是决定超细纤维合成革吸湿性能和透水气性的关键因素。经过处理后，超细纤维合成革上引入了羟基(—OH)等极性基团，提高了透水气性和吸湿性。同时端羟基超支化聚合物自身羟基间可发生氢键结合等作用，使羟基与水分子作用的有效极性基团数减少，最终导致超细纤维合成革透水气性和吸湿性下降；另一方面，端羟基超支化聚合物用量越多，其与水气分子的结合越牢固，限制了水气分子向外部传递，影响了超细纤维合成革的透水气性，当端羟基超支化聚合物用量继续增加，可形成氢键位置增多，每个位置的吸引力相互抵消，水气分子可自由传递。最终超细纤维合成革中有效传递水分子的亲水基团决定合成革透水气性；超细纤维合成革中实际与水分子结合的基团决定合成革的吸湿性。

从图 4-5 可以看出，随着端羧基超支化聚合物用量的增加，超细纤维合成革的吸湿性不断增加，最后趋于平缓；超细纤维合成革的透水气性先增大后减小，然后再增大；当端羧基超支化聚合物的用量分别为 8%和 10%(以超细纤维合成革质量计)时，超细纤维合成革的透水气性和吸湿性达到最大值，分别为 $0.4866g/(10cm^2 \cdot 24h)$和 $0.0464g/(10cm^2 \cdot 24h)$，与空白样对比，分别提高了 7%和 13%。

超细纤维合成革的透水气性和吸湿性的变化呈现图 4-5 所示趋势的原因是，端羧基超支化聚合物分子中含有的大量极性基团羧基、酯基、羟基等亲水基，它们对超细纤维合成革的透水气性和吸湿性产生影响。同样纤维大分子上是否存在亲水性基团，是决定超细纤维合成革吸湿性能和透水气性的决定性因素。经过处理后，超细纤维合成革上引入了羧基、酯基、羟基等亲水基，提高了吸湿性；同时端羧基超支化聚合物的加入也改善了透水气性，用量越多，端羧基超支化聚合物的与水气分子的结合越牢固，限制了水气分子向外部传递，影响了超细纤维合成革的透水气性，当端羧基超支化聚合物用量继续增加，可形成氢键位置增多，每个位置的吸引力相互抵消，水气分子可自由传递。

(2) 在染料用量 8%条件下，HPAE-H 和 HPAE-C 的用量与透水气性和吸湿性的关系分别见图 4-6 和图 4-7。

从图 4-6 可以看出，随着端羟基超支化聚合物用量的增加，超细纤维合成革的透水气性和吸湿性的变化趋势基本相同：先增大后减少，然后再增大；从图 4-7 可知，随着端羧基超支化聚合物用量的增加，超细纤维合成革的透水气性和吸湿性的变化趋势也基本相同，均为先增大后减少，然后再增大。但是与加入端羟基超支化聚合物的不同之处在于，当加入的端羧基超支化聚合物量超过 8%后，合成革的透水气性和吸湿性有下降的趋势。图 4-6 表明当端羟基超支化聚合物用量为 3%时，合成革的透水气性和吸湿性达到最大，分别为 $0.4554g/(10cm^2 \cdot 24h)$和 $0.0447g/(10cm^2 \cdot 24h)$。图 4-7 表明当端羧基超支化聚合物的用量为 8%时，合成革的透水气性和吸湿性均达到最大值，分别为 $0.4555g/(10cm^2 \cdot 24h)$和 $0.0431g/(10cm^2 \cdot 24h)$。对比两种超支化聚合物在最佳用量下对合成革透水气性和吸湿性提高量，差别不大。考虑到经济效益，此时选用端羟基超值化聚合物。

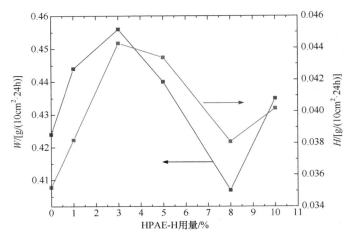

图 4-6　染料用量为 8%时 HPAE-H 用量与合成革透水气性及吸湿性关系

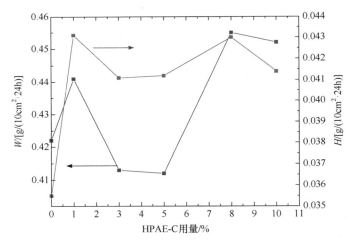

图 4-7　染料用量为 8%时 HPAE-C 用量与合成革透水气性和吸湿性关系

　　随着端羟基超支化聚合物和端羧基超支化聚合物用量的增加，超细纤维合成革的透水气性和吸湿性的变化为先增大后减少，然后再增大，原因一方面是端羟基超支化聚合物和端羧基超支化聚合物中分别含有大量羟基和羧基，这些极性基团可与超细纤维上的酰胺键($-[NH-CO]_n-$)等活性基团发生氢键结合、离子键结合，有些填充在纤维空隙间，增加了合成革的亲水基团。纤维大分子上是否存在亲水性基团，是决定合成革吸湿性能和透水气性的关键因素，经过处理后，超细纤维合成革上引入了羟基、羧基这些极性基团，提高了透水气性和吸湿性。同时端羟基超支化聚合物和端羧基超支化聚合物自身基团间也可能发生作用，从而减少了与水分子作用的有效极性基团的数量，造成合成革透水气性和吸湿性的下降。另一方面，超支化聚合物的加入提高了超细纤维合成革的透水气性，用量越多，超支化聚合物与水气分子的结合越牢固，限制了水气分子向外部传递，影响了超细纤维合成革的透水气性，当超支化聚合物用量继续增加，可形成氢键位置增多，每个位置的吸引力相互抵消，水气分子可自由传递。最终超细纤维合成革中有效传递水分子的亲水基团决定合成革透水气性，实际与水分子结合的基团决定合成革的吸湿性。

（3）在染料用量 10%条件下，HPAE-H 和 HPAE-C 的用量与透水气性和吸湿性的关系分别见图 4-8 和图 4-9。

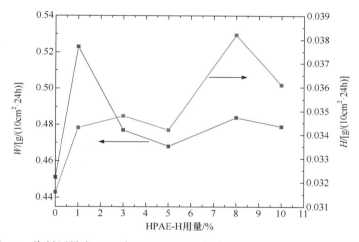

图 4-8　染料用量为 10%时 HPAE-H 用量与合成革透水气性及吸湿性关系

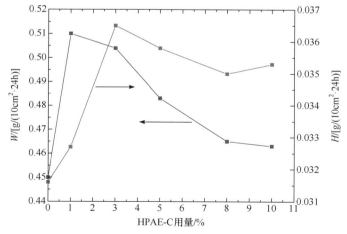

图 4-9　染料用量为 10%时 HPAE-C 用量与合成革透水气性和吸湿性关系

从图 4-8 可以看出，在染料用量为 10%条件下，随着端羟基超支化聚合物用量的增加，超细纤维合成革的透水气性和吸湿性的变化趋势基本相同：先增大后减少，然后再增大；当端羟基超支化聚合物用量达 8%，随着用量的增加，超细纤维合成革透水气性和吸湿性提高程度有下降趋势。当端羟基超支化聚合物的用量为 8%时，超细纤维合成革的透水气性和吸湿性均达到最大值，分别为 0.4844g/(10cm^2 · 24h) 和 0.0382g/(10cm^2 · 24h)。由图 4-9 可知，当端羧基超支化聚合物的用量为 1%和 3% 时，超细纤维合成革的透水气性和吸湿性达到最大值，分别为 0.5098g/(10cm^2 · 24h) 和 0.0365g/(10cm^2 · 24h)。当端羧基超支化聚合物用量超过该值时，随着用量的增加，超细纤维合成革透水气性和吸湿性有所下降。

超细纤维合成革的透水气性和吸湿性呈现图 4-8 和图 4-9 所示趋势的原因是，端羟基超支化聚合物和端羧基超支化聚合物中分别含有大量的极性基团：羟基和羧基。这些极性基团可与纤维上的活性基团发生反应或填充在纤维间，增加了纤维上的极性基团数，最终使合成革透水气性和吸湿性提高。同时端羟基超支化聚合物和端羧基超支化聚合物自身基团间也可能发生氢键结合等作用，使与水分子作用的有效极性基团减少，导致合成革透水气性和吸湿性下降。最终超细纤维合成革中实际传递水分子的亲水基团决定合成革透水气性和吸湿性。在染料用量为 10%条件下，端羧基超支化聚合物的用量超过 3%后，合成革的透水气性、吸湿性均呈下降趋势。这可能是因为纤维上增加的活性基团与水分子的亲和力低于超支化聚合物之间的相互作用力。

(4) 在染料用量为 15%条件下，HPAE-H 和 HPAE-C 的用量与透水气性和吸湿性的关系分别见图 4-10 和图 4-11。

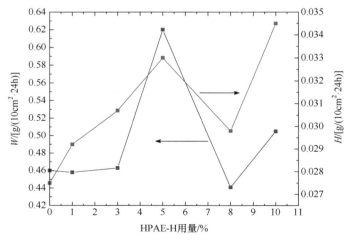

图 4-10　染料用量为 15%时 HPAE-H 用量与合成革透水气性及吸湿性关系

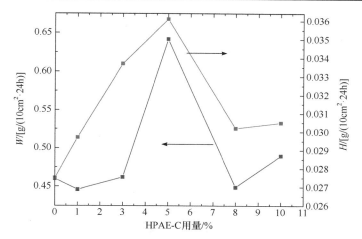

图 4-11　染料用量为 15%时 HPAE-C 用量与合成革透水气性和吸湿性关系

从图 4-10 和图 4-11 可知，随着端羟基超支化聚合物和端羧基超支化聚合物用量的增加，超细纤维合成革的透水气性和吸湿性的变化趋势基本相同：先增大后减少，然后再增大；当端羟基超支化聚合物的用量为 5%时，合成革的透水气性和吸湿性均达到最大值，分别为 0.6203g/(10cm^2 · 24h)和 0.03294g/(10cm^2 · 24h)。当端羧基超支化聚合物的用量为 5%时，合成革的透水气性和吸湿性达到最大值，分别为 0.6327g/(10cm^2 · 24h)和 0.03613g/(10cm^2 · 24h)。

超细纤维合成革的透水气性和吸湿性的变化呈现图 4-10 和图 4-11 所示趋势的原因是超支化聚合物中分别含有大量的亲水基团，它们可以增加超细纤维合成革的亲水基团，同时端羟基超支化聚合物和端羧基超支化聚合物自身基团间可能发生的作用会减少羟基或羧基与水分子作用的有效极性基团数，最终超细纤维合成革中有效传递水分子的亲水基团决定合成革透水气性，实际与水分子结合的基团决定合成革的吸湿性。

(5) 在染料用量为 20%条件下，HPAE-H 和 HPAE-C 的用量与透水气性和吸湿性的关系分别见图 4-12 和图 4-13。

图 4-12 和图 4-13 表明，随着端羟基超支化聚合物和端羧基超支化聚合物用量的增加，超细纤维合成革的透水气性和吸湿性的变化趋势基本相同：先增大后减少，然后再增大；当端羟基超支化聚合物的用量为 10%时，合成革的透水气性和吸湿性均达到最大值，分别为 0.5901g/(10cm^2 · 24h)和 0.0513g/(10cm^2 · 24h)。当端羧基超支化聚合物的用量分别为 10%和 5%时，合成革的透水气性和吸湿性达到最大值，分别为 0.5371g/(10cm^2 · 24h)和 0.0454g/(10cm^2 · 24h)。由图 4-12 和图 4-13 还可看出，在染料用量为 20%，端羟基超支化聚合物和端羧基超支化聚合物用量为 1%~3%时，吸湿性几乎没有变化；端羟基超支化聚合物用量为 3%~8%

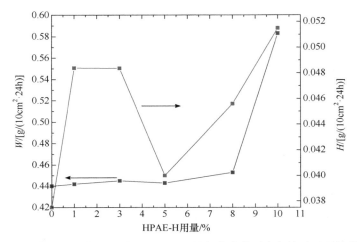

图 4-12　染料用量为 20%时 HPAE-H 用量与合成革透水气性及吸湿性关系

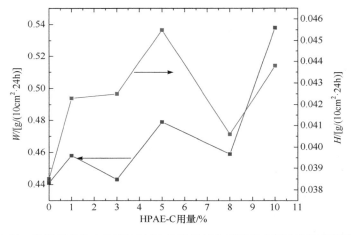

图 4-13　染料用量为 20%时 HPAE-C 用量与合成革透水气性和吸湿性关系

时,吸湿性曲线先下降,后上升,5%是转折点,而端羧基超支化聚合物用量为 3%～8%时，吸湿性曲线变化趋势与此相反。

　　超细纤维合成革的透水气性和吸湿性的变化呈现图 4-12 和图 4-13 所示趋势的原因是，端羟基超支化聚合物和端羧基超支化聚合物中大量存在的羟基和羧基这些强极性基团可与水分子发生氢键结合作用，将水分子从纤维的一侧传到另一侧，从而提高了合成革的透水气性和吸湿性。同时端羟基超支化聚合物和端羧基超支化聚合物自身基团间也可能发生氢键结合等作用，使超支化聚合物中可与水分子作用的活性基团数量减少，从而使合成革透水气性和吸湿性下降。

　　黑色超细纤维合成革的需求量最大，但是在生产时存在不容易染黑的问题，所以选择黑色染料。从图 4-4～图 4-13 可知，染料用量对超细纤维合成革的透水气性和吸湿性影响很大，当染料用量一定量时，超支化聚合物用量对合成革的透水气性和吸湿性的影响则很有限，因为染料用量会影响合成革中实际传递水分子的有效基团数量。

4) 超支化聚合物对超细纤维合成革吸湿性的影响

将 HPAE-H 应用于超细纤维合成革的后整理工序中，随着 HPAE-H 用量的增加，超细纤维合成革的吸湿性呈现折线形升高趋势；当 HPAE-H 用量增加至 8% 时，超细纤维合成革的吸湿性最大，之后呈现下降趋势。这是因为端羟基超支化聚合物的加入，引入了大量的羟基，增加了与水分子结合的有效基团，提高了超细纤维合成革的吸湿性。当端羟基超支化聚合物的用量不在最佳范围内时，结合水分子的有效基团数量相对减少，从而使超细纤维合成革的吸湿性降低，如图 4-14 所示。

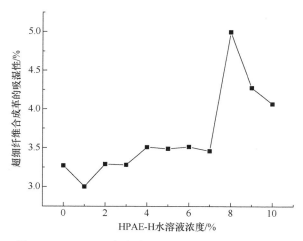

图 4-14　HPAE-H 水溶液浓度对合成革吸湿性的影响

将 HPAE-C 应用于超细纤维合成革的后整理工序中，当 HPAE-C 用量增加时，超细纤维合成革的吸湿性同样呈现折线形升高趋势；当 HPAE-C 用量增加至 10% 时，超细纤维合成革的吸湿性达到最大值。这是因为端羧基超支化聚合物的加入，引入了大量的羧基，增加了与水分子结合的有效基团，提高了超细纤维合成革的吸湿性。当端羧基超支化聚合物的用量不在最佳范围内时，结合水分子的有效基团数量相对减少，从而使超细纤维合成革的吸湿性降低，如图 4-15 所示。

5) 超支化聚合物对超细纤维合成革透水气性的影响

将 HPAE-H 应用于超细纤维合成革的后整理工序后，随着 HPAE-H 用量的增加，超细纤维合成革的透水气性呈现折线形升高趋势；当 HPAE-H 用量增加至 6%

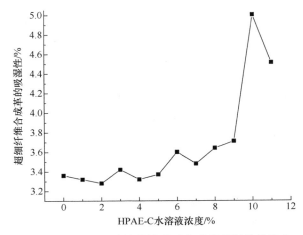

图 4-15   HPAE-C 水溶液浓度对合成革吸湿性的影响

时，超细纤维合成革的透水气性最大，之后呈现下降趋势。这是因为端羟基超支化聚合物的加入，引入了大量的羟基，增加了传递水分子的有效基团，提高了超细纤维合成革的透水气性。当端羟基超支化聚合物的用量不在最佳范围内时，传递水分子的有效基团数量相对减少，从而使超细纤维合成革的透水气性降低，如图 4-16 所示。

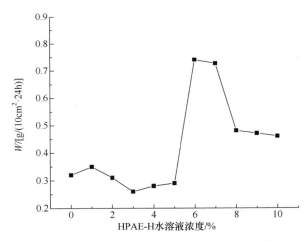

图 4-16   HPAE-H 水溶液浓度对合成革透水气性的影响

将 HPAE-C 应用于超细纤维合成革的后整理工序后，随着 HPAE-C 用量的增加，超细纤维合成革的透水气性呈现折线形升高趋势；当 HPAE-C 用量增加至 8% 时，超细纤维合成革的透水气性最大，之后呈现下降趋势。这是因为端羧基超支化聚合物的加入，引入了大量的羧基，增加了传递水分子的有效基团，提高了超细纤维合成革的透水气性。当端羧基超支化聚合物的用量不在最佳范围内时，传递水分子的有效基团数量相对减少，从而使超细纤维合成革的透水气性降低，如图 4-17 所示。

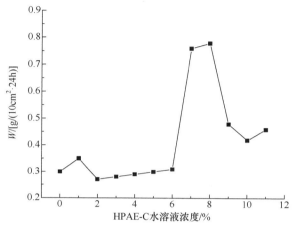

图 4-17　HPAE-C 水溶液浓度对合成革透水气性的影响

由以上分析可知：端羟基超支化聚合物用量为 10%，染料用量为 20%时，合成革透水气性和吸湿性分别提高 33.6%和 32.31%；端羧基超支化聚合物用量为 5%，染料用量为 15%时，合成革透水气性和吸湿性分别提高 37.67%和 32.34%。在相同操作方法及用量下，分别加入铝单宁及胶原水解产物进行比较。

在端羟基超支化聚合物和端羧基超支化聚合物最佳用量条件下，用铝单宁、胶原水解产物处理合成革，处理前后合成革厚度和面积变化情况见表 4-4 和表 4-5。

表 4-4　染料用量为 15%、改性物用量为 5%条件下合成革厚度和面积变化情况

处理方式	面积减少率/%	厚度增加率/%
空白	3.601	9.946
胶原水解产物	7.760	10.59
铝单宁	7.481	9.970
端羧基超支化聚合物	1.725	7.958

表 4-5　染料用量为 20%、改性物用量为 10%条件下合成革厚度和面积变化情况

处理方式	面积减少率/%	厚度增加率/%
空白	7.683	12.93
胶原水解产物	9.230	13.00
铝单宁	10.42	12.81
端羟基超支化聚合物	6.840	12.32

从表 4-4 和表 4-5 可以看出，在端羧基超支化聚合物和端羟基超支化聚合物的最佳用量条件下，其面积减少率比空白样、胶原水解产物处理及铝单宁处理后的合成革低，但厚度增加率小于胶原水解产物和铝单宁处理的合成革。主要原因是超支化聚合物特殊的立体结构和分子量与胶原水解产物及铝单宁线型分子结构和分子量不同，故填充能力不同。

不同染料不同改性物下合成革的透气性见表 4-6。由表 4-6 可以看出，胶原水解产物和铝单宁处理的合成革透气性比超支化聚合物处理的合成革透气性稍差。各数间的偏差均在实验允许误差(0.5s)范围内。

表 4-6 不同染料不同改性物下合成革的透气性

处理物	胶原水解产物(5%)	铝单宁(5%)	端羧基超支化聚合物(5%)	胶原水解产物(10%)	铝单宁(10%)	端羧基超支化聚合物(10%)
时间/s	20.53	20.44	20.29	20.50	20.40	20.39

染料用量为 20%、处理物(铝单宁、胶原水解产物、端羟基超支化聚合物)用量为 10%条件下所得合成革和空白样透水气性和吸湿性见图 4-18 和图 4-19。

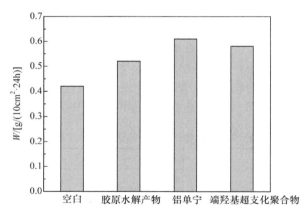

图 4-18 空白样和经过不同处理物处理后合成革透水气性柱形图

由图 4-18 和图 4-19 可看出，经处理后，合成革透水气性和吸湿性均有所提高。其中透水气性最大的是铝单宁处理后的合成革，为 $0.6185g/(10cm^2 \cdot 24h)$，端羟基超支化聚合物和胶原水解产物处理后的合成革透水气性分别为 $0.5801g/(10cm^2 \cdot 24h)$ 和 $0.5134g/(10cm^2 \cdot 24h)$。端羟基超支化处理后的合成革吸湿性最大，为 $0.0513g/(10cm^2 \cdot 24h)$，铝单宁和胶原水解产物处理后的合成革吸湿性分别为 $0.04564g/(10cm^2 \cdot 24h)$ 和 $0.04016g/(10cm^2 \cdot 24h)$。综合考虑透水气性和吸湿性，经端羟基超支化聚合物处理的合成革效果最佳。

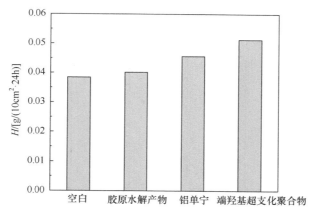

图 4-19 空白样和经过不同处理物处理后合成革吸湿性柱形图

经端羟基超支化聚合物处理后合成革透水气性和吸湿性整体提高比较大的原因可能是大量羟基的引入。这些亲水性基团可与水发生氢键结合作用，将水从纤维的一侧传到另一侧，提高了合成革的透水气性和吸湿性。胶原水解产物主要为氨基酸，虽然氨基酸中含有大量的氨基、羧基、羟基或以离子形式存在的酸性/碱性基团可与合成革上的活性基团发生反应，增加了合成革上的亲水性基团数量，但由氨基酸分子通式可知，每个氨基酸分子引入的亲水性基团数量比端羟基超支化聚合物每个分子引入的亲水性基团数量少得多，此外胶原水解产物和铝单宁为线型分子，分子间容易产生作用，传递水分子的亲水基团相对较少。

染料用量为 15%、改性物用量为 5%条件下，不同处理物处理(铝单宁、胶原水解产物、端羧基超支化聚合物)的合成革和空白样的透水气性和吸湿性分别见图 4-20 和图 4-21。

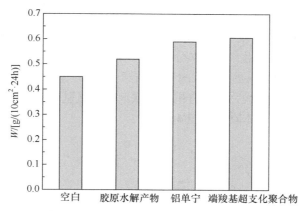

图 4-20 空白样和经过不同处理物处理后合成革透水气性柱形图

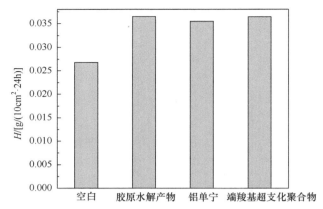

图 4-21　空白样和经过不同处理物处理后合成革吸湿性柱形图

由图 4-20 和图 4-21 可看出，经不同的处理物处理后，合成革透水气性和吸湿性均有所提高。其中透水气性最大的是端羧基超支化聚合物处理后的合成革，为 0.6127g/(10cm^2·24h)，铝单宁处理后的合成革和胶原水解产物处理后的合成革透水气性分别为 0.5983g/(10cm^2·24h)和 0.5256g/(10cm^2·24h)。图 4-21 表明，胶原水解产物和端羧基超支化聚合物对合成革吸湿性提高程度几乎相同，分别为 0.03648g/(10cm^2·24h)和 0.03641g/(10cm^2·24h)。铝单宁处理后的合成革吸湿性为 0.03546g/(10cm^2·24h)。综合考虑，端羧基超支化聚合物对合成革透水气性和吸湿性提高最大。

端羧基超支化聚合物中含有的大量羧基，增加了合成革纤维分子上的极性基团数，从而显著提高了合成革的透水气性和吸湿性。胶原水解产物主要为氨基酸，虽然氨基酸中含有大量的氨基、羧基、羟基或以离子形式存在的酸性/碱性基团可与纤维上的活性基团发生反应，增加了纤维上的亲水性基团数量，但由氨基酸分子通式可知，每个氨基酸分子引入的亲水性基团数量比端羧基超支化聚合物每个分子引入的亲水性基团(羧基)数量少得多，此外胶原水解产物和铝单宁为线型分子，分子间容易产生作用，传递水分子的亲水基团相对减少。

赵国徽[3]采用 N, N-亚甲基双丙烯酰胺和二乙烯三胺为原料合成端氨基超支化聚合物，见图 4-22。然后采用有机膦交联剂将端氨基超支化聚合物交联至超细纤维合成革基布上，具体原理见图 4-23。

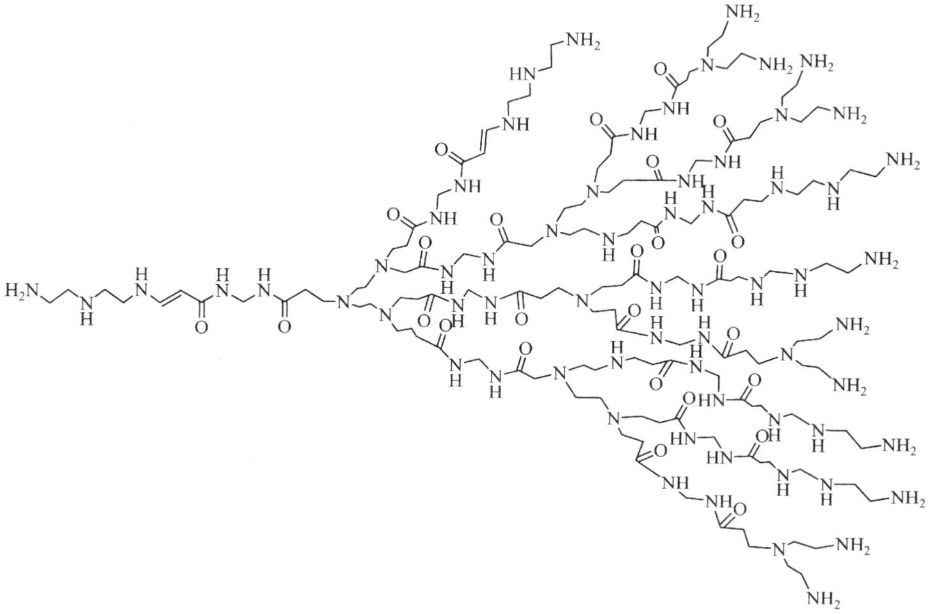

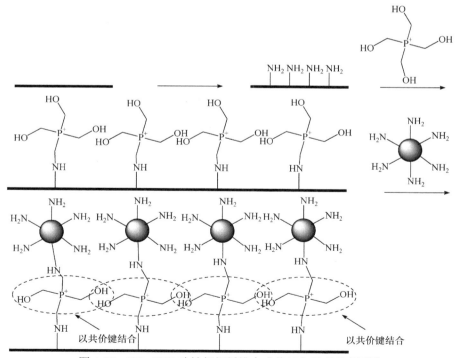

图 4-22　端氨基超支化聚合物合成路线[3]

图 4-23　NH₂-HBP 改性超细纤维合成革基布原理示意图[3]

端氨基超支化聚合物处理超细纤维合成革后，显著增加了超细纤维合成革上活性基团的数量，有利于提高基布的染色上染率、染色牢度、物理机械性能和卫生性能等。用端氨基超支化聚合物对超细纤维合成革基布染色的工艺见表4-7。因为有机膦交联剂将端氨基超支化聚合物交联于聚酰胺超细纤维合成革纤维上，增加了纤维上的氨基以及染料的结合点，从而提高了酸性染料对超细纤维合成革的上染率。处理后的超细纤维合成革基布的上染率由 59.09%提高至 98.68%，耐干擦牢度从 3 级提高至 4～4.5 级，耐湿擦牢度从 2 级提高至 3.5 级。

表 4-7　超细纤维合成革基布的染色工艺[3]

工序	用料	用量/%	温度/℃	时间/min	备注
硫酸预处理	水	5000	60	—	—
	硫酸	4	—	60	—
水洗	水	3000	—	3×20	测定伯氨基含量 $[N_1/(\text{mmol/g})]$
交联改性	水	3000	40	—	—
	有机膦 FCC 交联剂	$0.6\,N_1$	—	60	pH: 3.5
	NH$_2$-HBP	$2\,N_1$	—	60	—
	小苏打	0.3	55	20	pH: 6.0～6.5
	—			30	—
	甲醛清除剂	1.5	40	60	—
水洗	水	3000	—	3×20	—
基布染色	水	3000	60	—	—
	BlackB-X 133	3	—	—	—
	硫酸铵	1.5	—	60	pH: 5.0～5.5
	甲酸	2	85	90	pH: 4.0
水洗	水	3000	常温	3 × 20	晾干

注：(1) 实验所用原料为服装用聚酰胺超细纤维合成革基布。

(2) 在操作之前所有基布必须在 70℃条件下水煮 30min 以除去基布表面的油渍等。

(3) N_1 是采用水杨醛法测定的酸处理后基布的伯氨基含量。

(4) 有机膦 FCC 交联剂用量按照 $0.6×M×N_1×190.44$ 计算。其中 M 为基布质量；N_1 为基布伯氨基含量；190.44 为有机膦 FCC 交联剂的相对分子质量。

(5) 表中其他化料用量百分比均以基布质量计。

此外，赵国徽[3]还采用"两步法"改性超细纤维合成革基布。步骤一：用戊二醛作为交联剂，将上述端氨基超支化聚合物结合到超细纤维合成革基布上；步骤二：用戊二醛作为交联剂，将胶原蛋白结合到端氨基超支化聚合物改性的超细纤维合成革基布上。这样端氨基超支化聚合物和胶原蛋白均被引入到超细纤维合成革基布上，具体原理见图 4-24 和图 4-25。

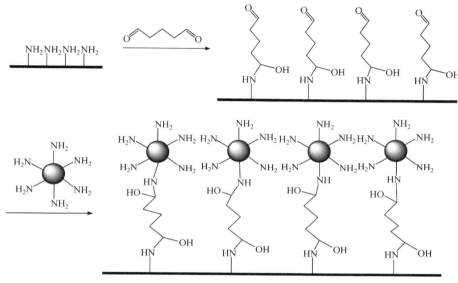

图 4-24　"两步法"改性超细纤维合成革基布步骤一示意图[3]

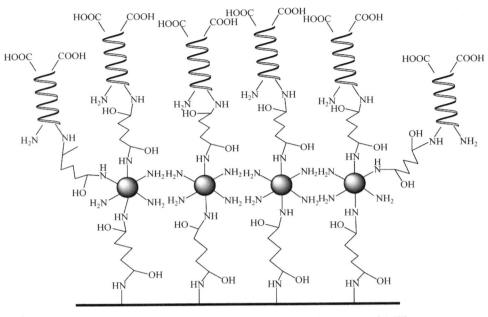

图 4-25　"两步法"改性超细纤维合成革基布步骤二示意图[3]

采用"两步法"将端氨基超支化聚合物和胶原蛋白同时引入到超细纤维合成革基布上,显著增加了超细纤维合成革基布上的活性基团,有利于超细纤维合成革吸湿性能、透湿性能和物理机械性能的提高。"两步法"改性工艺见表 4-8。处理过程中,随着戊二醛用量的增加,能够与端氨基超支化聚合物进行结合的活性点增加,端氨基超支化聚合物的结合量随之增加,使得胶原蛋白的结合量增加,超细纤维合成革基布中活性基团量增加,透水气性和吸湿性逐渐提高,改性后的超细纤维合成革基布的透水气性可达 0.58g/(10cm^2 · 24h),比未改性超细纤维合成革基布的透水气性提高了 113%;吸湿性可达 3.27mL/(g · 24h),比空白样提高 42.3%。另外,戊二醛作为交联剂可以在超细纤维合成革基布内部起到交联作用,增加超细纤维合成革基布的物理机械性能;同时与超细纤维合成革基布内部的端氨基超支化聚合物和明胶水解液结合(因其都有较多活性基团),能够增大基布内离子键作用力和氢键作用力等,对超细纤维合成革基布的物理机械性能的提高有一定的贡献。改性后超细纤维合成革基布的抗张强度可达 18.79N/mm^2,比未改性超细纤维合成革基布的抗张强度提高了 3.5%;改性超细纤维合成革基布的撕裂强度可达 103.4825N/mm,比未改性超细纤维合成革基布的撕裂强度提高了 2.98%。

表 4-8　"两步法"改性工艺

工序	用料	用量/%	温度/℃	时间/min	备注
甲酸预处理	水	3000	40	—	
	甲酸	3	40	60	
	水	3000	—	2×20	测定伯氨基含量 [N_1/(mmol/g)]
第一步改性 (步骤一)	水	3000	—	—	
	戊二醛	1.1 N_1	55	30+60	转动 30min 后，调 pH 为 5.5～6.0
	水	3000	—	3×20	
	NH₂-HBP	3 N_1	55	30+60	转动 30min 后，调 pH 为 5.5～6.0
	水	3000	—	3×20	测定伯氨基含量 [N_2/(mmol/g)]
第二步改性 (步骤二)	水	3000	—	—	
	戊二醛	1.1 N_2	55	30+60	转动 30min 后，调 pH 为 5.5～6.0
	水	3000	—	3×20	
	明胶水解液	3 N_2	55	30+60	转动 30min 后，调 pH 为 5.5～6.0
	水	3000	—	3×20	
完毕	—	—	—	—	取出晾干

注：(1) 实验所用原料为鞋用聚酰胺超细纤维合成革基布。

(2) 在操作之前所有超细纤维合成革基布必须在 70℃条件下水煮 30min 以除去超细纤维合成革基布表面的油渍等。

(3) 本工艺中所述用量百分比除戊二醛、端氨基超支化聚合物、胶原蛋白外，均以基布质量计。

(4) N_1/N_2 是按照水杨醛法测定的酸处理后基布的伯氨基含量。

(5) 戊二醛用量按照 $1.1 \times M \times N_1(N_2) \times 100.12$ 计算。其中 M 为超细纤维合成革基布质量；N_1 和 N_2 为超细纤维合成革基布伯氨基含量；100.12 为戊二醛相对分子质量。

(6) 端氨基超支化聚合物用量按照 $3 \times M \times N_1/2.83$ 计算。其中 M 为基布质量；N_1 为超细纤维合成革基布伯氨基含量；2.83 为端氨基超支化聚合物伯氨基含量。

(7) 胶原蛋白用量按照 $3 \times M \times N_2/0.078$ 计算。其中 M 为超细纤维合成革基布质量；N_1 为超细纤维合成革基布伯氨基含量；0.078 为胶原蛋白伯氨基含量。

　　孙森[4]以乙二胺(EDA)和丙烯酸甲酯(MA)为原料，通过迈克尔加成反应和酰胺化反应，分别制得半代(以酯基封端)(0.5G)、1 代(1G)和 2 代(2G)(以氨基封端)的树枝状聚酰胺-胺(PAMAM)。半代、1 代树枝状聚酰胺-胺的合成过程见图 4-26，2 代树枝状聚酰胺-胺的结构见图 4-27。

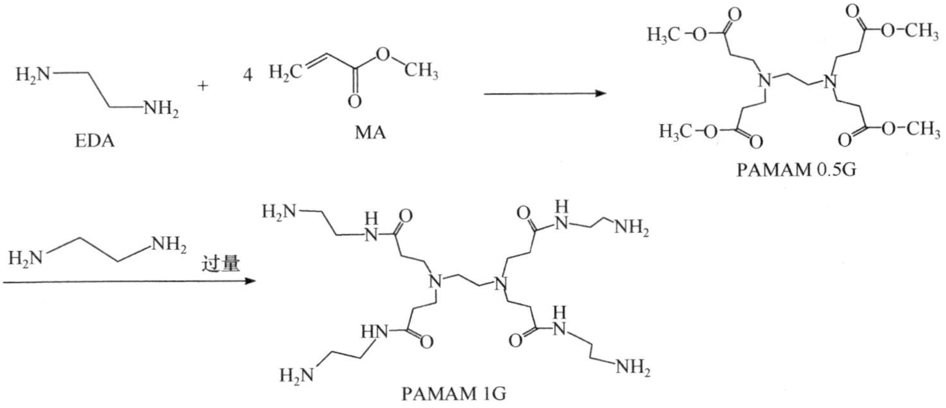

图 4-26　半代、1 代树枝状聚酰胺-胺的合成过程[4]

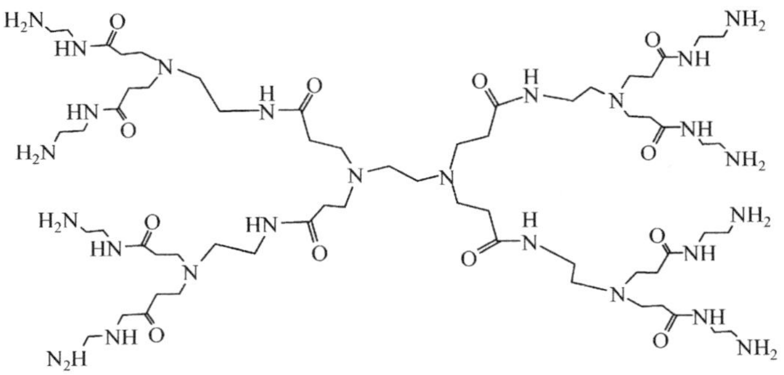

图 4-27　2 代树枝状聚酰胺-胺的结构示意图[4]

以戊二醛为交联剂，将 1 代聚酰胺-胺(PAMAM 1G)树状大分子交联到超细纤维合成革基布上，具体反应示意图见图 4-28。具体工艺见表 4-9。

表 4-9　实验工艺

化学材料	用量/%	时间/h	温度/℃	备注
水	2000	—	—	—
戊二醛	—	—	—	—
水	2000	0.5	常温	水洗 2~3 次后，排液
水	2000	—	—	—
PAMAM	—	—	—	—
水	2000	0.5	常温	排液后，挂晾干燥

注：表中用量均为相对于基布质量的质量分数，"—"表示该条件需要进一步实验优化。

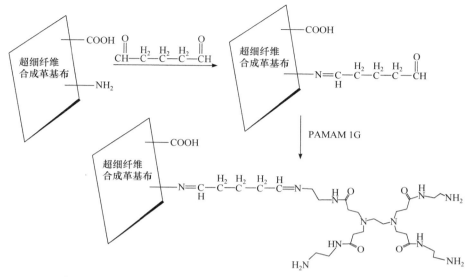

图 4-28 PAMAM 1G 通过戊二醛与超细纤维合成革基布交联示意图[4]

另外研究了 PAMAM 1G 改性超细纤维合成革时反应条件对其性能的影响，具体如下：

(1) 体系 pH 对超细纤维合成革基布卫生性能的影响。

固定戊二醛用量为 15%，n(戊二醛)∶n(PAMAM 1G)，戊二醛作用时间为 3h，PAMAM 1G 反应时间为 3h，作用温度为 35℃，考查不同 pH 对超细纤维合成革基布卫生性能的影响。控制体系 pH 依次为 3、4、5、6、7、8、9、10。根据处理后基布的透水气性和吸湿性来确定最适 pH。体系 pH 对超细纤维合成革基布透水性和吸湿性的影响分别如图 4-29 和图 4-30 所示。

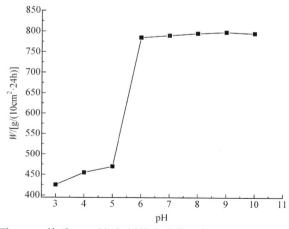

图 4-29 体系 pH 对超细纤维合成革基布透水气性的影响

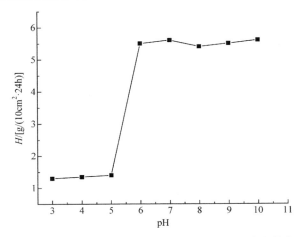

图 4-30　体系 pH 对超细纤维合成革基布吸湿性的影响

从图 4-29 和图 4-30 可以看出，当 pH 低于 5 时，随着 pH 的增加，基布的透水气性和吸湿性变化不大。这是因为当 pH 较低时，在酸性范围内，基布的氨基以—NH_3^+ 存在，与醛结合少；当 pH 为 5～6 时，氨基处于不带电状态，以—NH_2 存在，此时会与醛基反应，超细纤维合成革基布透水气性和吸湿性得到较大提高；随着 pH 继续升高，基布透水气性和吸湿性趋于稳定，变化不大。对戊二醛而言，在低 pH 下其与基布氨基的反应进行得很慢，随着 pH 的升高，反应速度加快。综合考虑戊二醛渗透与结合的关系，戊二醛与预处理后基布反应的最适 pH 为 6～8。

(2) 加料顺序对超细纤维合成革基布卫生性能的影响。

固定体系 pH 为 6～8，n(戊二醛)：n(PAMAM 1G)=1：4，戊二醛作用时间为 3h，PAMAM 1G 反应时间为 3h，作用温度为 35℃，考查戊二醛和 PAMAM 1G 的添加顺序对超细纤维合成革基布卫生性能的影响。

改性后基布的卫生性能、机械性能都有了适当的提高，基布变得柔软、丰满，先加戊二醛后加 PAMAM 1G 改性时，严格按照工艺要求充分水洗去除过量的戊二醛和 PAMAM 1G 后，对基布颜色没有影响。

两者同时加入时，由于戊二醛与 PAMAM 1G 都能溶于水，而预处理后的基布样品是固体，液体之间的接触面、碰撞比较容易，故戊二醛与 PAMAM 1G 之间优先发生聚合反应，用量控制不当甚至会爆聚。在转鼓中进行基布改性时，会使基布带有很深的红黄色。同时加料，反应物用量难以控制，且最终改性基布有颜色变化，所以不采用同时加料。

先加 PAMAM 再加戊二醛：先加入 PAMAM 1G 后，有利于 PAMAM 1G 在基布纤维间的渗透，但是 PAMAM 1G 与预处理的基布仅有不耐水洗的氢键结合和简单的物理填充，后加戊二醛会存在副反应(图 4-31)。改性后的基布呈淡黄色，局部会出现粉色。

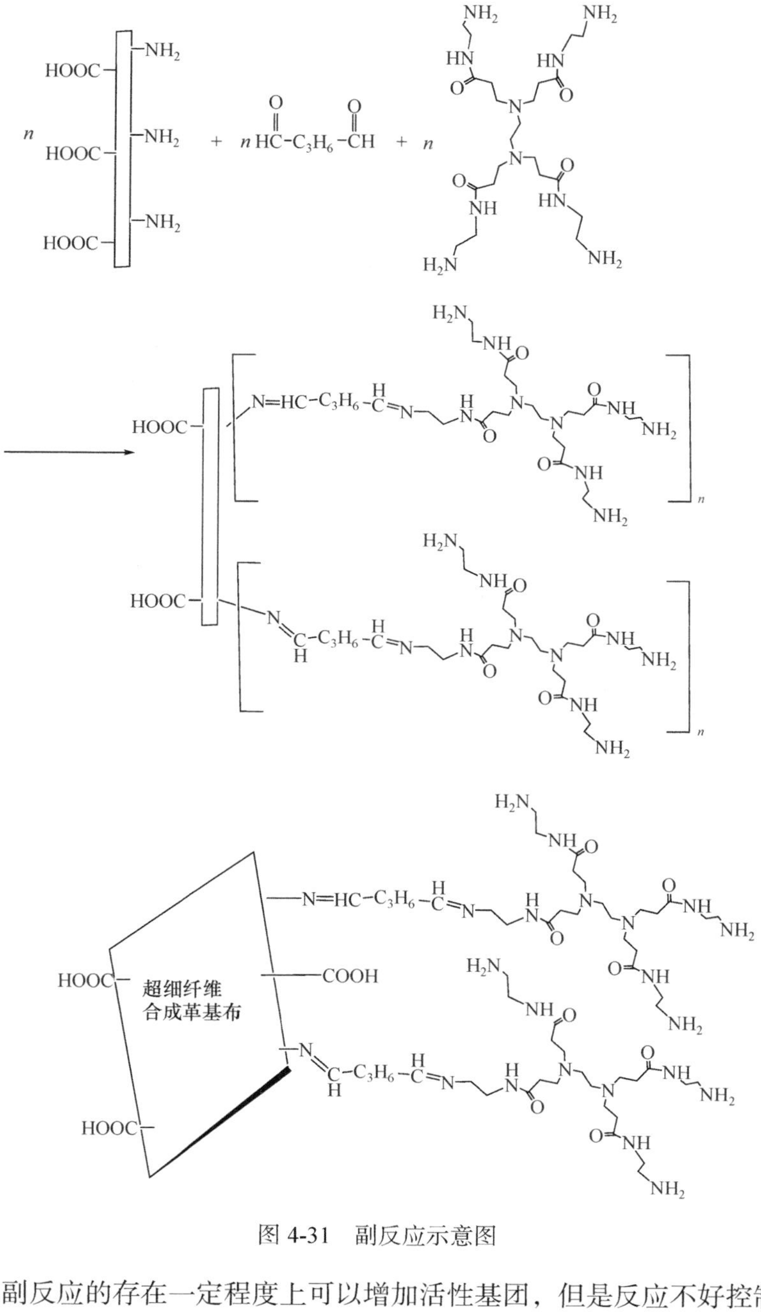

图 4-31　副反应示意图

虽然副反应的存在一定程度上可以增加活性基团，但是反应不好控制，反应物用量大且改性后的基布有颜色变化。综合以上分析，采取先加戊二醛使预处理后基布上的氨基转化为醛基封端，后加入 PAMAM 1G 与端醛基反应，从而引入大量活性基团的方法。

(3) 戊二醛用量对超细纤维合成革基布卫生性能的影响。

固定体系 pH 为 6～8，n(戊二醛)：n(PAMAM 1G)=1：4，戊二醛作用时间为 3h，PAMAM 1G 反应时间为 3h，作用温度为 35℃，考查不同用量的戊二醛对超细纤维合成革基布卫生性能的影响。控制戊二醛用量依次为 0%、6%、9%、12%、15%、18%、21%、24%、30%，根据改性后基布的透水气性和吸湿性来确定最佳戊二醛用量。戊二醛用量对超细纤维合成革基布透水气性和吸湿性的影响分别见图 4-32 和图 4-33。

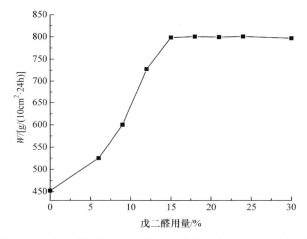

图 4-32　戊二醛用量对超细纤维合成革基布透水气性的影响

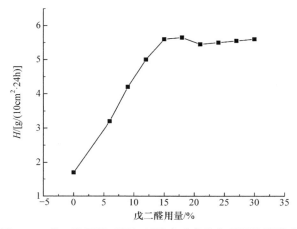

图 4-33　戊二醛用量对超细纤维合成革基布吸湿性的影响

从图 4-32 和图 4-33 可以看出，随着戊二醛用量的增加，基布的透水气性和吸湿性提高；当戊二醛用量超过 15%时，继续增加戊二醛用量，基布的透水气性和吸湿性变化不大。这可能是浓硫酸水解后的基布暴露出一定量的活性氨基，当戊二醛用量低时，戊二醛不能将水解后基布中的氨基反应完全，还有可能是戊二醛把基布本身的氨基交联了，导致基布通过戊二醛与 PAMAM 的反应点变少。当戊二醛用量大于 15%时，戊二醛可以最大程度地与硫酸水解后基布的氨基反应，过量的戊二醛一定程度上抑制了基布本身氨基通过戊二醛自交联。因此综合考虑，选择戊二醛的最佳用量为 15%。

(4) 反应温度对超细纤维合成革基布卫生性能的影响。

固定体系 pH 为 6～8，戊二醛用量为 15%，戊二醛作用时间为 3h，PAMAM 反应时间为 3h，n(戊二醛)：n(PAMAM 1G)=1：4 时，考查不同反应温度对超细纤维合成革基布卫生性能的影响。设定反应温度依次为 20℃、25℃、30℃、35℃、40℃、45℃。根据处理后基布透水气性和吸湿性来确定最佳反应温度。反应温度对超细纤维合成革基布透水气性和吸湿性的影响分别见图 4-34 和图 4-35。

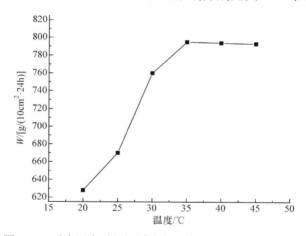

图 4-34　反应温度对超细纤维合成革基布透水气性的影响

从图 4-34 和图 4-35 可以看出，随着反应温度的升高，基布的透水气性和吸湿性逐渐提高，这是因为温度升高可以使基布上的醛基、PAMAM 分子活化能增加，从而使低能量分子活化为可以反应的高能量分子，能够反应的活化分子百分比变大，使得有效碰撞次数增多，因此反应速率加大，提高了交联结合的程度；当反应温度超过 35℃时，随着温度的继续升高，基布的透水气性和吸湿性变化不大。因此综合考虑，选择最佳反应温度为 35℃。

(5) 反应时间对超细纤维合成革基布卫生性能的影响。

固定体系 pH 为 6～8，戊二醛用量为 15%，反应温度为 35℃，n(戊二醛)：

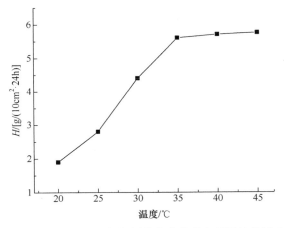

图 4-35 反应温度对超细纤维合成革基布吸湿性的影响

n(PAMAM 1G)=1∶4，考查不同反应时间对超细纤维合成革基布卫生性能的影响。控制戊二醛作用时间分别为 0.5h、1h、1.5h、2h、2.5h、3h、4h、6h，根据处理后基布吸湿性和透水气性确定戊二醛的最佳作用时间。反应时间对超细纤维合成革基布透水气性和吸湿性的影响分别见图 4-36 和图 4-37。

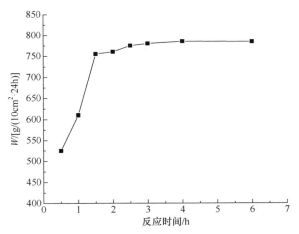

图 4-36 反应时间对超细纤维合成革基布透水气性的影响

从图 4-36 和图 4-37 可以看出，随着反应时间的增加，基布的透水气性和吸湿性逐渐提高；当反应时间超过 3h 时，随着时间的继续增加，基布的卫生性能变化不大。这是因为在反应的最初阶段，戊二醛主要与基布表面的氨基反应，随着反应时间的增加，戊二醛会逐渐渗透到基布里面，与基布内暴露的活性氨基反应，交联结合的程度逐渐增大，当反应时间达到 3h 时，戊二醛与基布中的氨基交联结

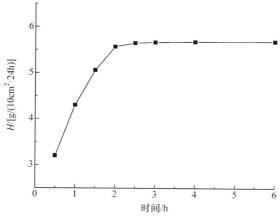

图 4-37　反应时间对超细纤维合成革基布吸湿性的影响

合程度最大，基布中的氨基几乎与戊二醛完全反应，随着反应时间的继续延长，基布的透水气性变化不大。因此综合考虑，选择最佳反应时间为 3h。

(6) 戊二醛与 PAMAM 1G 物质的量的比对超细纤维合成革基布卫生性能的影响。

固定体系 pH 为 6～8，戊二醛用量为 15%，戊二醛作用时间为 3h，PAMAM 1G 反应时间为 3h，作用温度为 35℃，控制 n(戊二醛)：n(PAMAM 1G)依次为 1:0.5、1:1、1:1.5、1:2、1:3、1:4、1:5、1:6，根据改性后基布的透水气性和吸湿性确定最佳物质的量的比。戊二醛与 PAMAM 1G 物质的量的比对超采用纤维合成革透水气性和吸湿性的影响分别见图 4-38 和图 4-39。

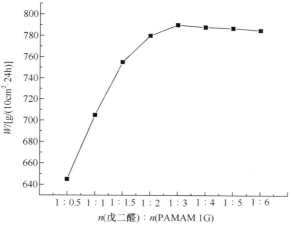

图 4-38　戊二醛与 PAMAM 1G 物质的量的比对超细纤维合成革基布透水气性的影响

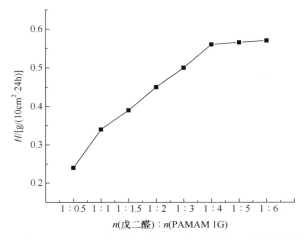

图 4-39　戊二醛与 PAMAM 1G 物质的量的比对超细纤维合成革基布吸湿性的影响

从图 4-38 和图 4-39 可以看出，随着 PAMAM 1G 用量的增加，基布卫生性能逐渐提高。这是因为通过戊二醛交联到基布上的 PAMAM 1G 变多，提高了基布的活性官能团数量的缘故。当 n(戊二醛)：n(PAMAM 1G)=1：4 时，基布的卫生性能得到很好的改善。当 n(戊二醛)：n(PAMAM 1G)低于 1：4 时，卫生性能改善不明显，原因可能有：①制备的 PAMAM 1G 里含有少量乙二胺，乙二胺与 PAMAM 1G 都含有活性氨基，氨基可以与戊二醛上的醛基发生迈克尔反应，即乙二胺与 PAMAM 1G 是竞争关系。乙二胺的存在消耗了一定量的醛基，导致 PAMAM 1G 与基布的反应点变少。②1 个 PAMAM 1G 具有 4 个活性氨基，PAMAM 1G 用量较少时，1 个 PAMAM 1G 与基布上醛基发生反应消耗的醛基数量不止一个，这种不必要的反应发生后大大降低了醛基的数量，导致后续与 PAMAM 1G 的反应点变少。③参照改性工艺条件，可能是上一步水洗不够充分，导致基布上含有未反应的戊二醛，戊二醛的存在消耗了一定量的 PAMAM 1G。因此综合考虑 PAMAM 1G 适当过量，抑制②、③情况的发生，控制工艺中最佳 n(戊二醛)：n(PAMAM 1G)为 1：4。

同时，还研究了反应条件对 PAMAM 2G 改性超细纤维合成革性能的影响，具体如下。

鉴于 PAMAM 1G 与 PAMAM 2G 官能团结构相似，仅末端基团含量不同，戊二醛交联 PAMAM 2G 改性超细纤维合成革基布的作用时间、作用温度、戊二醛用量、加料方式、体系 pH 等均参照戊二醛交联 PAMAM 1G 改性超细纤维合成革基布的最优条件，对 PAMAM 2G 用量进行优化。

固定体系 pH 为 6～8，戊二醛用量为 15%，戊二醛作用时间为 3h，PAMAM 2G 反应时间为 3h，作用温度为 35℃，控制 n(戊二醛)：n(PAMAM 2G)依次为

1∶1、1∶3、1∶5、1∶7、1∶8、1∶9、1∶10、1∶12，根据改性后基布的透水气性和吸湿性确定最佳的 PAMAM 2G 用量。戊二醛与 PAMAM 2G 物质的量的比对超细纤维合成革基布透水气性和吸湿性的影响分别见图 4-40 和图 4-41。

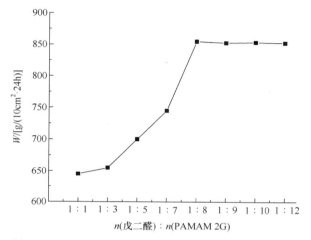

图 4-40　戊二醛与 PAMAM 2G 物质的量的比对超细纤维合成革基布透水气性的影响

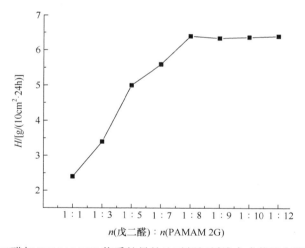

图 4-41　戊二醛与 PAMAM 2G 物质的量的比对超细纤维合成革基布吸湿性的影响

从图 4-40 和图 4-41 可以看出，随着 PAMAM 2G 用量的增加，基布卫生性能逐渐提高。这是因为通过戊二醛，交联到基布上的 PAMAM 2G 变多，基布的活性官能团增加。当 n(戊二醛)∶n(PAMAM 2G)=1∶8 时，基布的卫生性能得到很好的改善。当 n(戊二醛)∶n(PAMAM 2G)低于 1∶8 时，由于 PAMAM 2G 上含有 8 个活性氨基，相比 PAMAM 1G 其与基布上醛基反应更容易。同时活性点的增多更易使类似图 4-31 副反应中第二种产物出现，故应提高 PAMAM 2G 的用量来抑制此副反应。因此考虑 PAMAM 2G 适当过量，最佳 n(戊二醛)∶n(PAMAM 2G) 为 1∶8。

参 考 文 献

[1] 强涛涛. 合成革化学品[M]. 北京: 中国轻工业出版社, 2016.

[2] 强涛涛. 超支化聚合物的制备及其对超细纤维合成革卫生性能的影响[D]. 西安: 陕西科技大学, 2010.

[3] 赵国徽. 端氨基超支化聚合物改性超细纤维合成革仿天然皮革研究[D]. 西安: 陕西科技大学, 2013.

[4] 孙森. PAMAM 改善超细纤维合成革基布卫生性能的研究[D]. 西安: 陕西科技大学, 2013.

第5章 超支化聚合物在聚氨酯工业中的应用

5.1 概　　述

5.1.1 聚氨酯的基本原理

聚氨酯(PU)是一类特殊的高分子材料，可以被应用于许多不同领域，如绝缘体、弹性体、弹性材料、液体涂料、油漆、泡沫等[1]。聚氨酯出现于 20 世纪 30 年代后期[2]，因具有多功能性以及取代其他稀有材料的适用性，成为研究热点。聚氨酯是一种性能较高的聚合物，其主链上含有氨基甲酸酯(—NHCOO)，这类高分子化合物大多属于聚氨酯聚合物。聚氨酯是由异氰酸酯和多元醇分子在催化剂或紫外线的作用下逐步反应而合成的，并且异氰酸酯和多元醇分子必须分别包含两个或多个异氰酸酯基团[R—(NCO)$_n$,$n \geq 2$]与羟基[R′—(OH)$_n$,$n \geq 2$]。多元醇因良好的柔性，在聚氨酯分子链上通常作为软缎，而硬段部分通常由多异氰酸酯夹杂小分子扩链剂拼接组成。聚氨酯一般由硬段与软段交替制备而成，其合成过程可分为两步。第一步，异氰酸酯与多元醇发生预聚反应，形成中等分子量的中间聚合物，称为预聚体，通常为黏稠液体。第二步，该预聚体与二醇或二胺等扩链剂进一步反应，最终转化为高分子聚合物。通常，聚氨酯的基本性能取决于多元醇和异氰酸酯以及催化剂或其他添加助剂的类型，因此聚氨酯结构具有一定的设计性，可通过改变其原料及用量得到所需性能，进而扩大其应用领域。

聚氨酯主要反应原理见图 5-1。

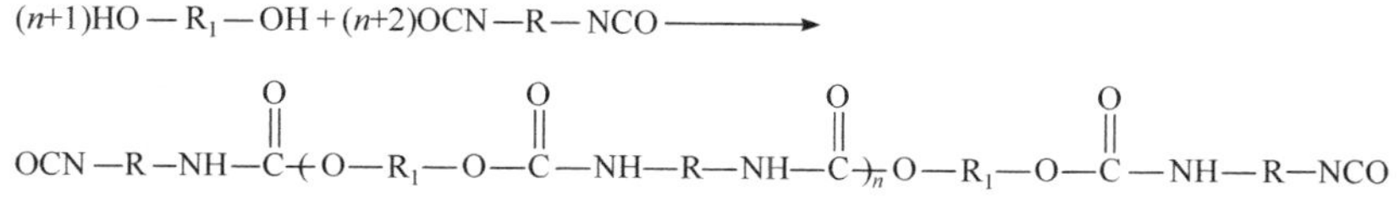

$$(n+1)HO-R_1-OH+(n+2)OCN-R-NCO \longrightarrow$$

图 5-1　聚氨酯主要反应原理示意图

5.1.2 溶剂型聚氨酯

聚氨酯的研究随着工业化的进行而有序进行，至 20 世纪 70 年代发展颇为迅速。根据分散的介质，通常将聚氨酯分为传统溶剂型聚氨酯和水性聚氨酯两大类。

1. 溶剂型聚氨酯的特征及发展趋势

1) 溶剂型聚氨酯的特征

溶剂型聚氨酯以有机溶剂如丙酮、二甲基甲酰胺(DMAc)、N, N-二甲基甲酰胺(DMF)作为分散剂，具有良好的耐磨性、耐疲劳性和柔韧性，另外还具有抗水性好、固含量高、溶剂挥快等特点。溶剂型聚氨酯在皮革、合成革等行业有着特殊的用途，虽然很多性能优于水性聚氨酯，但是会污染环境。

2) 溶剂型聚氨酯发展趋势

溶剂型聚氨酯的优点是性能稳定，缺点是易燃、易爆、易挥发、有异味、空气污染严重。

因此，减少挥发性有机物(VOC)的排放是溶剂型聚氨酯的发展趋势。溶剂型聚氨酯黏度高，透气性差，极大地限制了其应用，但也正是由于其自身的特性，才在皮革涂饰和合成革涂料中得到了更多的应用。

2. 溶剂型聚氨酯的基本组分

传统溶剂型聚氨酯的合成原料主要有多异氰酸酯、聚醚多元醇或聚酯多元醇、扩链剂等。

在聚氨酯的制备[3]中，原料的选择很重要。例如，高光泽涂料可以选用聚酯多元醇，它具有良好的光泽度、流动性和对染料的润湿性；为了提高产品的耐水性，可以用聚醚多元醇代替聚酯多元醇；为了提高耐溶剂性、耐化学性和耐候性，可以使用丙烯酸多元醇。芳香族聚异氰酸酯产品容易发黄，脂肪族或脂环聚异氰酸酯制成的聚氨酯一般不发黄。阳离子扩链剂的产品强度高，阴离子扩链剂的产品整体性能好，此外，扩链剂的用量也会对产物有一定的影响。

1) 多异氰酸酯

多异氰酸酯含有两个或两个以上的异氰酸酯基团(—N=C=O)。异氰酸酯是一种活性基团，能与醇、胺、酸、水和苯酚相互作用。目前，95 %以上的聚氨酯产品使用芳香族异氰酸酯，只有 5 %使用脂肪族异氰酸酯。常见的异氰酸酯有甲苯二异氰酸酯(TDI)、二苯基甲烷异氰酸酯(MDI)等。MDI 由于结构对称，蒸汽压力低，操作方便，比 TDI 更常用。

2) 多元醇

多元醇构成了聚合物结构中弹性部分(软段)的基质，通常制成低聚物，也称为"软段树脂"。最常用的是聚醚多元醇和聚酯多元醇。多元醇的含量决定了聚氨酯树脂的硬度、柔韧性和刚性。聚醚多元醇主要包括聚氧化丙烯醚二醇和聚四氢呋喃醚乙二醇，在软泡沫材料和反应注射成型产品中使用较多。聚酯多元醇由二元酸和二元醇酯化而得。

3）扩链剂

常用的扩链剂为分子量较小的短链二元醇和二元胺，与异氰酸酯共同组成聚氨酯的硬段。二元醇包含 1,4-丁二醇、新戊二醇、丙三醇等；二元胺为乙二胺、联胺等。

3. 溶剂型聚氨酯的分类

根据合成聚氨酯原料的不同，聚氨酯可分为聚醚型、聚酯型和聚醚聚酯杂化型；按是否交联，可分为热塑性聚氨酯和交联型(内交联型、外交联型)聚氨酯；根据组分，可以分为单组分聚氨酯和双组分聚氨酯。

溶剂型聚氨酯分为单组分反应性聚氨酯、双组分聚氨酯、单组分非反应性聚氨酯三大类。

单组分反应性聚氨酯是异氰酸酯和聚醇逐步聚合的产物。在反应物的配比上异氰酸酯是过量的，因此产物的分子链上含有未反应的—NCO，—NCO 与空气中的水分或皮革纤维上的羟基、氨基发生交联反应。

双组分聚氨酯由甲、乙两部分组成。甲部分为异氰酸酯的预聚体，乙部分为多元羟基的聚醇，甲、乙两部分可以和皮革上的官能团发生反应，形成网状的聚氨酯，因此双组分聚氨酯具有良好的耐磨性和较好的弹性。但是使用时需要将双组分聚氨酯甲、乙两部分以一定的比例混合，使二者发生交联反应。

单组分非反应性聚氨酯由含有羟基的树脂和异氰酸酯两部分组成。异氰酸酯上的—NCO 被封端试剂保护起来，因此含有羟基的树脂和异氰酸酯可以装在同一容器内而不发生反应。使用单组分非反应性聚氨酯时，被封端的—NCO 可以通过加热的方式解除封端从而与羟基反应。一般情况下芳香胺和酚类可以用作—NCO 的封端剂。

其中，双组分聚氨酯使用过程中，甲、乙两部分的调配比例必须正确，否则将造成经济上的损失；单组分非反应性聚氨酯使用时必须加热，这样才能解除—NCO 的封端，与羟基树脂发生反应，而且封端剂挥发后会污染环境。相比之下，单组分反应性聚氨酯使用方便，性能优于双组分聚氨酯和单组分非反应性聚氨聚氨酯。

4. 溶剂型聚氨酯的合成

溶剂型聚氨酯的合成方法主要有两种。一种是将反应体系中的所有单体放入反应器中，在一定温度下进行聚合；另一种是聚合二元醇与二异氰酸酯的反应(短链二元醇也与之反应)。为了生成预聚体，在合适的溶剂中进行反应。预聚体制备好后，将扩链剂与合适的溶剂(可以是多种溶剂)加入，发生聚合反应，形成高分子量的聚氨酯聚合物。

5. 溶剂型聚氨酯的改性

传统溶剂型聚氨酯的改性方法包括填充改性、(物理或化学)共混改性、互穿网络改性等。填充改性是指在聚氨酯中加入无机或有机颗粒，以改善其原有性能。例如，使用纳米二氧化硅增强硬质聚氨酯泡沫。共混改性是指聚氨酯与其他聚合物混合，形成一种均匀的物质。例如，Zhang 等[4]利用硅酮聚合物共混改性溶剂型聚氨酯，发现可以提高其疏水性。互穿网络改性是指两种或两种以上的聚合物相互渗透形成的网络系统。聚合物间是物理间的缠结而不发生化学反应，从而达到性能上的提升或互补。例如，聚对苯二甲酸乙二醇酯与聚氨酯膜的互穿网络可以显著提高以此制备的聚对苯二甲酸乙二醇酯基聚氨酯膜的力学性能。

溶剂型聚氨酯与水性聚氨酯的改性方法有很多是相同的，将在水性聚氨酯的改性部分详细介绍。

5.1.3 水性聚氨酯

水性聚氨酯(WPU)[5]的研究始于 20 世纪 50 年代。1953 年，DuPont 公司的研究人员将端异氰酸酯预聚体的甲苯溶液分散在水中，用乙二胺延长链合成了水性聚氨酯。20 世纪 60~70 年代，水性聚氨酯的研究和发展迅速，开始工业生产合成革和皮革水性聚氨酯。20 世纪 90 年代，随着人们环境保护意识的增强和环境保护法律法规的加强，环保型水性聚氨酯的研究和开发受到重视。其应用扩展到涂料、胶黏剂等领域。聚氨酯树脂的水分散体逐渐取代溶剂型聚氨酯，成为聚氨酯工业发展的一个重要方向。

1) 水性聚氨酯的特点

水性聚氨酯是一种新型的聚氨酯，其中水代替有机溶剂作为分散介质，也称为水基聚氨酯或水分散聚氨酯。以水为介质的水性聚氨酯不燃、低臭、无污染、节能、安全可靠、机械性能优良、相容性好、操作加工方便、易改性。

(1) 大多数单组分水性聚氨酯(涂料、黏合剂等)主要通过内部分子极性基团产生的内聚力和黏合力来固化。水性聚氨酯含有羧基、羟基等官能团，可以适当参与反应以产生交联。

(2) 水性聚氨酯分子中的离子和抗衡离子越多，黏度越大；分子量和交联剂对水性聚氨酯黏度的影响并不明显。在相同的固含量下，水性聚氨酯乳液的浓度低于溶剂型黏合剂的浓度。

(3) 影响水性聚氨酯黏度的因素还包括离子电荷、核-壳结构、乳液粒径等。水性聚氨酯的黏度通常通过水溶性增稠剂和水的比例来调节。

(4) 水性聚氨酯可与多种水性树脂混合以改善性能或降低成本，但受聚合物之间的相容性或在某些溶剂中的溶解度的限制。

(5) 水的挥发性低于有机溶剂，因此水性聚氨酯的干燥速度较慢。如果膜在干燥后没有形成一定程度的交联，则其耐水性差。

(6) 水性聚氨酯产品可用水稀释，操作简便，易于清洁；溶剂型聚氨酯需要大量的溶剂。

2) 水性聚氨酯的类型

水性聚氨酯根据外观和粒径可分为三类：聚氨酯水溶液(粒径<0.001μm，透明外观)，聚氨酯水分散体(粒径 0.001～0.1μm，半透明外观)，聚氨酯乳液(粒径>0.1μm，浊白外观)。

根据亲水基团的电荷性质，它们可分为阳离子水性聚氨酯、阴离子水性聚氨酯和非离子水性聚氨酯。其中，阴离子型最为重要，其又分为羧酸型和磺酸型。

根据单体的不同，水性聚氨酯可分为聚醚型、聚酯型和聚醚–聚酯混合型。根据二异氰酸酯的选择，可以分为芳香族基团和脂肪族基团，或者具体地分为 TDI 型和 HDI 型。

根据产品的组成和用途，可分为单组分水性聚氨酯和双组分水性聚氨酯。双组分水性聚氨酯的组分如下。

A 部分：固化剂部分，包括未改性的多异氰酸酯和改性的多异氰酸酯。多异氰酸酯通过离子、非离子或组合的亲水性成分进行化学修饰。这些亲水性组分与多异氰酸酯有良好的相容性，可用作内部乳化剂，以将固化剂分散在水相中并降低混合剪切能耗。

B 部分：即多元醇体系，必须具有分散功能，可使疏水性多异氰酸酯体系很好地分散在水中，使分散体的粒径足够小，以确保涂膜具有良好的性能。多元醇体系具有分散的多元醇(粒径<0.08μm)：首先在有机溶剂中合成具有分子结构中亲水或非离子链树脂的多元醇，然后通过将树脂熔体或溶液分散在水中获得多元醇。它的优点是聚合物的相对分子量小，乳液粒径小，对固化剂的分散性佳，成膜性好，综合性能优异。水分散的羟基树脂包括聚酯、聚氨酯、丙烯酸和其他杂化树脂。

使用双组分水性聚氨酯时，两种组分要充分混合，A 部分进入乳液颗粒，与 B 部分大分子链上的活性基团反应，或在成膜过程中形成交联结构，以提高相对分子量，从而提高硬度、光泽、耐磨性和耐热性等。

单组分水性聚氨酯是高分子的热塑性树脂，成膜过程中只有水蒸发到空气中，符合环保要求，易于操作。通过丙烯酸改性、环氧树脂改性和交联改性可以改善水性聚氨酯的性能。

亲水基团可以促进聚氨酯在水中的稳定性和分散性，但会造成水性聚氨酯的成膜性较差。因此，有必要不断改进聚氨酯的原料、配方、合成工艺、分散技术、成膜技术和分子结构等。

3) 水性聚氨酯的发展趋势

在某些性能方面，水性聚氨酯与溶剂型聚氨酯相比，还存在一定差距。水性聚氨酯涂料的耐水性、耐溶剂性不如溶剂型聚氨酯树脂。水性聚氨酯的发展趋势如下[6-7]。

(1) 高固含量：市场上水性聚氨酯的固含量大多为 20%～40%，会增加运输成本和干燥时间。将其固含量提高到 50%以上是研究课题之一。

(2) 较高的成膜性：溶剂法合成的聚氨酯乳液反应体系黏度较低，这有利于促进固化过程中涂层膜的形成，也可以提高粘接强度。可以使用丙酮、甲基乙基酮或甲苯作为共溶剂。但是它们沸点低、毒性大。因此，可以加入某种与水可混溶的高沸点甲基吡咯烷酮进行改性，以克服低沸点溶剂的缺点。

(3) 高稳定性：根据表面电荷的不同，聚氨酯乳液可分为离子型和非离子型。离子型聚氨酯通过扩散电双层稳定，易受电解质或 pH 的影响。非离子型聚氨酯通过排斥力稳定，不受 pH 和电解质的影响。在保持水性聚氨酯耐水性的同时，提高存储稳定性是水性聚氨酯研究的主要方向之一。

(4) 高初始黏度：水性聚氨酯的初始黏度低是影响其广泛应用的因素之一。除添加增稠剂提高初始黏度外，还可以引入八环氧树脂等改性剂增加 WPU 的初始黏度。

1. 制备水性聚氨酯的原料

制备水性聚氨酯所需的主要原料与非水性聚氨酯基本相同，但加入了亲水性试剂、成盐剂和其他助剂。使用的原材料种类如下。

(1) 多异氰酸酯。常用的多异氰酸酯有异佛尔酮二异氰酸酯(IPDI)、甲苯二异氰酸酯(TDI)、二苯基甲烷二异氰酸酯(MDI)和六亚甲基二异氰酸酯(HDI)。

(2) 含氢化合物(如多元醇或多元胺)。多元醇类化合物主要有聚酯多元醇、聚己内酯、聚醚多元醇/氨基聚醚多元醇、聚己二醇、聚四氢呋喃、端羟基聚丁二烯橡胶涂料、环氧树脂和含羟基聚丁二烯高分子多元醇，如丙烯酸树脂。小分子多元醇有二己二醇、1,4-丁二醇、三羟丙烷和季戊四醇。多元胺包括丙二胺、二乙烯三胺和异福尔酮二胺。

(3) 亲水单体(亲水扩链剂)。亲水扩链剂，一种用于制备水性聚氨酯的水基功能单体。它可以在聚氨酯大分子主链上引入亲水基团。阴离子扩链剂含有亲水基团如羧基、磺酸基等，而含有亲水基团的聚氨酯预聚体被碱中和并离子化，即呈现出水溶性。常用产品有：二羟甲基丙酸(DMPA)、二羟甲基丁酸(DMBA)、1,4-丁二醇-2-磺酸钠。

目前，DMPA 主要作为水性单体用于阴离子水性聚氨酯的合成。DMBA 比 DMPA 更活跃，熔点更低，可用于无溶剂水性聚氨酯的合成，使 VOC 接近零。DMPA 和 DMBA 为白色晶体(或粉末)，使用方便。合成叔胺型阳离子水性聚氨酯时，应在聚氨酯链上引入叔胺基团，再进行季叔铵盐化(中和)。该过程较为复杂，这也是阳离子水性聚氨酯发展滞后于阴离子水性聚氨酯的原因之一。阳离子扩链剂包括二乙醇胺、三乙醇胺、N-甲基二乙醇胺(MDEA)、N-乙基二乙醇胺(EDEA)、N-丙基二乙醇胺(PDEA)、N-丁基二乙醇胺(BDEA)、二甲基乙醇胺、双(2-羟乙基)苯胺(BHBA)、双(2-羟丙基)苯胺(BHPA)等，大多数国内公司使用 N-甲基二乙醇胺。非离子型水性聚氨酯的水性单体主要采用聚乙二醇-乙二醇，其数均相对分子质量通常大于 1000。常见的亲水性单体分子结构见图 5-2。

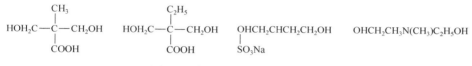

图 5-2　常见亲水性单体分子结构

水性单体的种类和用量对水性聚氨酯的性能有非常重要的影响。用量越大，水分散的粒径越细，外观越透明，稳定性越好，但耐水性越差。因此，设计合成配方时，应在满足稳定性的前提下，尽量减少水单体的剂量。

(4) 中和剂(成盐剂)。中和剂是一种能与羧基、磺酸基或叔胺基成盐的试剂，两者作用形成的盐基使水性聚氨酯在水中分散。用于阴离子水性聚氨酯的中和剂是三乙胺(TEA)、二甲基乙醇胺(DMEA)和氨溶液，一般在室温下用三乙胺干燥树脂，烘干树脂使用二甲乙醇胺。中和度一般在 80%～95%，低于这个范围会影响分散体的稳定性，高于这个范围外观会更好，但耐水性会更差；用于阳离子水性聚氨酯的中和剂是盐酸、醋酸、硫酸二甲酯、氯化烃等。中和剂对体系的稳定性、外观和最终涂膜的性能有重要影响，在使用时应优化中和剂的种类和用量。

(5) 溶剂。水性聚氨酯的合成过程中，由于体系黏度过大，其在水中的分散性差，制备浆料时需要添加适量的有机溶剂。常用的有机溶剂有丙酮、甲基乙基酮、二氧六环、N, N-二甲基甲酰胺及 N-甲基吡咯烷酮。

(6) 交联剂。为了提高涂膜的耐水性和耐溶剂性，需要添加适当的交联剂，如环氧树脂、三聚氰胺-甲醛树脂、多异氰酸酯、多元胺、氮丙啶、甲醛和多价金属盐。

(7) 其他添加剂。包括乳化剂、增稠剂、流平剂、光亮剂、阻燃剂、分散剂和颜色调料剂等。

2. 水性聚氨酯的制备方法

通过改变聚氨酯的分子骨架结构，可以制备出不同物理形态的水性聚氨酯。水化方法一般可分为外乳化法和自乳化法。

外乳化法是先制备一定分子量的聚氨酯预聚体或其溶液，将其与外乳化剂在水中强力搅拌分散，制成水性聚氨酯乳液。该方法合成的乳液和膜的物理性能差，贮存稳定性也差。

目前水性聚氨酯主要采用自乳化法。该方法的关键是在聚合物分子链中引入亲水基团(如阴离子基团羧基、磺酸基团)，以及非离子基团(如羟基醚键、聚氧乙烯链等)，使聚氨酯分子具有一定的亲和力。水基，不添加乳化剂，是由亲水基团乳化的。亲水基团可以与水相互作用形成氢键或直接生成水合离子，使聚氨酯溶于水，这些亲水组分与多异氰酸酯具有良好的相容性。该方法制备的乳液粒径小，稳定性好。

自乳化法包括预聚体分散法、丙酮法、熔体分散法和酮亚胺/酮连氮法。

1) 预聚体分散法

在合成过程中引入亲水组分，得到亲水改性的端羟基苯甲酸聚氨酯预聚体。通常情况下，如果预聚物的分子量不太高，黏度不太大，可以不需溶剂或只需少量溶剂进行稀释。在剪切力作用下，预聚体可以分散在水中。合成过程中，首先，将适量含活泼氢的化合物与过量的二异氰酸酯反应，合成中等分子量的聚合物；其次，将亲水基团作为内部乳化剂加入预聚体中进行进一步的扩链反应，使 PU 分子链含有亲水基团，容易在水中乳化；最后，扩链后将 PU 分子链在水中进行乳化分散。典型的预聚体分散法的合成过程如图 5-1 所示。该方法中，PU 分子链在非均相中延伸，亲水性—NCO 封端的 PU 预聚体在水相中进行分散。由脂肪族二异氰酸酯制得的聚氨酯预聚体因与水反应的活性低而被广泛使用。预聚体分散法常用在涂料工业领域，用于合成水性聚氨酯涂料。

由于黏度限制，预聚体分散法中，为了便于剪切分散，预聚体的分子量不能太高：黏度高意味着乳化困难，粒径大，乳化稳定性差。预聚体分子量小意味着—NCO 含量高，乳化后尿素团较多，成膜后尿素团较硬。

2) 丙酮法

丙酮法是指用有机溶剂稀释或溶解聚氨酯(或预聚体)，然后将其乳化的方法。在制备含亲水基团的聚氨酯(预聚体)时，反应体系的黏度不断增大，需要加入更多的溶剂来降低黏度，使其易于搅拌，然后加水分散，在减压下除去溶剂得到水性聚氨酯。溶剂主要是丙酮和甲基乙基酮，所以称为丙酮法。丙酮或甲基乙基酮沸点低，与水可混溶，易于回收，整个系统均匀，操作方便。由于溶剂合成法有利于制备高分子量预聚体或聚氨酯树脂，乳液的成膜性能优于简单的预聚体分散法。

3) 熔体分散法

熔体分散法又称熔融分散法。将含有一定量亲水组分的端脲基聚氨酯或双脲基聚氨酯低聚体在水中以熔融状态直接乳化，再加入水溶液和甲醛溶液进行甲基化扩链反应，制备水性聚氨酯。具体过程如下：预合成含有叔胺基(或离子基)的末端—NCO 基预聚物，在本体体系中与尿素(或氨)反应，生成聚氨酯双脲(或离子基)低聚物，并加入氯酰胺，在高温熔融状态下继续进行季铵化反应。聚氨酯双脲低聚物具有充分的亲水性。将稀酸水溶液加入，形成均相溶液，与甲醛水溶液发生甲基化反应。含甲基的聚氨酯双缩脲能在 50～130℃用水稀释，形成更加稳定的水性聚氨酯。当体系 pH 降低时，缩聚反应可以在分散相进行，形成高分子量的聚氨酯。

4) 酮亚胺/酮连氮法

酮亚胺/酮连氮法是将封闭二胺和封闭联氨作为潜在扩链剂，添加到—NCO端基预聚体中，二胺和联氨分别与酮反应得到酮亚胺和甲酮连氮。当混合物分散在水中时，由于酮胺的水解速率大于—NCO 与水的反应速率，释放出二胺或联氨，与分散的聚合物粒子反应，得到扩链的聚氨酯-脲。

自乳化型 WPU 还可以根据分子结构上亲水基团的不同，分为阴离子型、阳离子型和非离子型，包括二甲基丙酸型聚氨酯乳液和磺酸型聚氨酯乳液，阳离子水性聚氨酯乳液和封闭水性聚氨酯乳液，非离子型水性聚氨酯乳液。

3. 水性聚氨酯的改性方法

水性聚氨酯存在固含量低、自增稠性差、硬度低、成膜光泽度低、成膜时间长、耐水性差等缺点。因此，有必要提高水性聚氨酯的综合性能以满足应用要求。提高整体性能的方法是对其进行改性。改性方法大致可分为四类：①改进单体和合成工艺；②加入添加剂；③实现交联；④优化复合共聚改性。其中，优化复合共聚改性效果较好。

1) 交联改性

交联改性是将线型聚氨酯大分子通过化学键连接起来，形成具有网状结构的聚氨酯树脂。

将热塑性聚氨酯树脂转化为热固性聚氨酯树脂是一种非常有效的方法。所制备的交联水性聚氨酯涂层具有良好的耐水性、耐溶剂性和机械性能，是提高水性聚氨酯树脂性能的有效途径之一。

部分采用成熟的交联改性技术制备的水性聚氨酯，如双组分水可分离聚氨酯的性能已达到甚至超过溶剂型聚氨酯树脂。改性时，根据交联方式，可分为内交联法和外交联法。

(1) 内交联法改性：WPU 通过在体系中引入含有多官能度的原料或添加内交

联剂，以自动氧化、辐射交联、热处理交联等方法使内交联得以实现。合成具有交联结构的 WPU 涂料，可以通过在合成原材料上选用多官能度反应物如多元醇、多元胺扩链剂和多异氰酸酯交联剂等来实现。

陈广祥等[8]以 HDI 三聚体代替部分甲苯二异氰酸酯(TDI)，并用甲基丙烯酸甲酯(MMA)复合改性 WPU 分散体。当 HDI 三聚体、MMA 的质量分数分别为 10%、20%时，改性 WPU 复合分散体的综合性能较好。Hwang 等[9]将端羟基聚二甲基硅氧烷引入 WPU，利用紫外光(UV)固化技术，获得了热性能改善的 WPU，当其添加的质量分数为 2%时，力学性能得到明显改善，拉伸强度变为原来的 220%，并改善了传统 UV 固化 WPU 涂料性能不稳定的缺点。

(2) 外交联法改性：外交联改性 WPU 也称为双组分 WPU，两个组分混合后产生化学交联结构。一般外交联剂的选择由 WPU 结构决定，常用的外交联剂有多元胺、氮杂环丙烷化合物和水分散多异氰酸酯等化合物，在这类体系中可以消耗涂膜中的亲水基团，有助于改善涂膜的耐水性和力学性能。

罗春晖等[10]制备的水性聚氨酯分散体（PUD）性能稳定，为提高 PUD 涂膜性能，采用氨丙啶和聚碳化二亚胺对其进行交联改性。结果表明，在室温下氮丙啶和聚碳化二亚胺可与 PUD 链上的羧基反应，氮丙啶能明显改善涂膜耐水性、耐溶剂性及耐污染性。

2) 共聚改性

共聚改性是指将几种单体进行共聚，得到具有特殊结构和性能的聚合物。该方法可以在一定程度上实现分子设计，从而制造出预期性能的产品。水性聚氨酯的特异性共聚改性主要有丙烯酸酯共聚改性、环氧树脂共聚改性、有机氟/硅共聚改性和天然聚合物共聚改性。

(1) 丙烯酸酯共聚改性：丙烯酸酯具有优异的耐光性、户外耐久性、耐酸碱性、耐腐蚀性、柔韧性和极低的颜料反应性等。丙烯酸酯共聚改性聚氨酯既具有聚氨酯和丙烯酸酯的优良特性，又能达到降低成本的目的。

将制备的水性聚氨酯分散体与丙烯酸酯进行乳液聚合，形成核壳结构体系是丙烯酸酯改性聚氨酯[11]常用的方法。同时在聚氨酯乳液的合成过程中引入不饱和双键或—NH₂，使聚氨酯端部与丙烯酸酯侧链形成化学交联结构，提高了两相之间的相容性。

制备新型聚氨酯-丙烯酸酯复合乳液的方法是使两者形成互穿网络聚合物，如具有互穿网络结构的聚氨酯/丙烯酸酯核壳型复合乳液。复合乳液涂层粒子的核壳之间存在大量化学键，增加了核壳之间的交联密度，提高了涂膜的耐水性，乳液的综合性能更好。

丙烯酸多元醇的使用可以提高多元醇体系对聚异氰酸酯固化剂的分散性，提高双组分水性聚氨酯涂料的性能。将丙烯酸复合多元醇接枝到聚氨酯分子链上，制备聚氨酯/丙烯酸复合多元醇分散体，提高了聚氨酯的耐水解性能。

(2) 硅酮改性：聚硅氧烷是一种以重复 Si—O 键为主链，有机基团直接与硅原子连接的聚合物。它是一种半有机聚合物，兼具有机化合物和无机化合物的特点。通常将硅烷单体和聚硅氧烷统称为硅酮。有机硅特殊的结构和组成，使其具有良好的低温柔顺性、低表面张力、良好的生物相容性、良好的热稳定性、耐低温性、耐候性、电绝缘性、抗臭氧性等特性。硅酮聚合物最显著的特点是具有良好的抗氧化性和较低的表面能，而表面能会产生优异的疏水性。与水性聚氨酯共混，可提高聚氨酯的耐高温性、耐水性、耐候性和透气性，弥补了聚氨酯耐候性不足的同时，克服了硅酮聚合物机械性能差的缺点。在涂料、血液相容性材料等方面有着巨大的应用前景，是一种具有发展潜力的新型高分子材料。目前，硅酮改性聚氨酯[12-13]主要可以通过羟基/氨基硅氧烷树脂、乙烯基硅氧烷或环氧硅氧烷改性制得。

(3) 环氧树脂共聚改性：环氧树脂含有环氧和羟基两种活性基团，可与多胺、酚醛树脂、氨基树脂等结合，制成各种涂料；可在室温下干燥或高温烘烤以满足不同施工要求。环氧树脂本身的分子量不高，可与各种固化剂结合生产无溶剂、高固相的粉末涂料和水性涂料，满足环保要求。环氧树脂加工性能好，配方灵活，加工工艺多样，产品性能优良。但环氧树脂也有一些突出的缺点，如韧性差、冲击强度低、固化后脆性等，限制了其在某些领域的应用。环氧树脂具有仲羟基和环氧基，可与异氰酸酯反应。环氧树脂共聚改性的水性聚氨酯具有良好的机械性能、黏结强度、耐水性和耐溶剂性。

例如，以缩水甘油酯醇为原料，采用预聚体混合法制备 UV 固化水性聚氨酯，涂层的断裂伸长率超过 200%，解决了水性聚氨酯因 100% UV 固化体系交联而缺乏弹性的问题，并且涂层硬度高、耐溶剂性好、吸水率低。

为了获得更好的改性效果，采用丙烯酸酯和环氧树脂对聚氨酯进行改性。将丙烯酸酯接枝的高分子量环氧树脂与乙二胺反应制备了分子量较高的扩链剂。制备的改性水性聚氨酯涂层硬度高，抗冲击性能好，机械性能得到改善。

聚氨酯研究的重点是更好地设计聚氨酯的分子结构，采用不同方法将具有特殊性能的分子链引入聚氨酯分子中，如纳米材料改性、植物油改性、蒙脱土改性、有机氟改性、酪蛋白改性等，同时新型亲水扩链剂的开发和特殊交联剂的引入，使水性聚氨酯的研究朝着高性能、多功能的方向发展。

(4) 生物质改性：石油能源逐渐枯竭，以天然可再生能源为基础的生物质能源逐渐引起人们的重视。生物质能源如淀粉、纤维素、松香、植物油等都是易获得、低成本的环保材料，利用其对水性聚氨酯进行改性[14]，可提高耐水性、机械性能和生物降解性，使其具有更广阔的应用空间。

Liu 等[15]先将壳聚糖(CS)与苯甲醛、水杨醛和羟基苯甲醛反应得到 CS 衍生物,提高了 CS 的热稳定性和炭化能力。然后由 CS 衍生物与聚磷酸铵合成热塑性聚氨酯(TPU),制备阻燃 TPU 复合材料。结果表明,该材料能促进碳的形成,形成更完整的膨胀碳结构。

任龙芳等[16]以异夫酮二异氰酸酯(IPDI)和聚四氢呋喃醚乙二醇(PTMG)为主要原料,碱木质素(LG)为改性剂,二甲基丙酸(DMPA)为母材,通过扩链剂,合成了一系列木质素改性的水性聚氨酯(LWPU)。董卓豪等[17]研究了 LG 用量、$n(\text{—NCO})/\,n(\text{—OH})$和 DMPA 用量对 LWPU 膜力学性能和耐水性的影响。结果表明,LG 质量分数为 0.75%,$n(\text{—NCO})/n(\text{—OH})$为 5∶1,DMPA 质量分数为 6%时,膜的整体性能较好,吸水率仅为 3.24%,耐水性较好,性能显著提高。用红外光谱、热重分析、X 射线衍射、原子力显微镜和扫描电子显微镜对薄膜的结构和性能进行了表征,热重分析结果表明,LG 的加入可以提高聚氨酯材料的热稳定性,添加适量的木质素可以提高水性聚氨酯的耐水性和热稳定性。

5.2　超支化聚合物对聚氨酯的改性

近年来,超支化聚合物,特别是具有三维结构的大分子聚合物和大量端基特殊结构得到发展。超支化聚合物由于特殊的结构,在聚合物改性、药物释放、黏合剂[18]等领域具有广阔的应用前景。端羟基超支化聚合物与异氰酸酯具有较高的化学反应活性,将其作为聚氨酯的改性剂,有望制备出综合性能优良、具有超支化结构特点和聚氨酯优点的改性材料。

5.2.1　超支化聚合物对聚氨酯物理共混改性

物理共混改性方法是一种简单易行、能有效改善聚氨酯材料性能的方法。共混体系中各组分主要通过一定的分子间力进行物理结合,最终得到能够平衡各组分性能的复合材料。超支化聚合物由于独特的高支化、无链缠绕结构,不易结晶,具有较低的黏度,与其他聚合物材料有良好的相容性。超支化聚合物可作为改性剂与聚氨酯聚合物材料共混,得到综合性能优良的复合材料。根据超支化聚合物的结构性能特点,可以将超支化聚合物掺入聚氨酯树脂中,增加树脂的活性亲水性基团,提高涂料的透气性、透湿性、可染性和物理机械强度。

王娜[19]以 N, N-亚甲基双丙烯酰胺和二乙烯三胺为原料合成端氨基超支化聚合物,如图 5-3 所示。然后,用共混法对超支化端氨基聚合物进行聚合。与溶剂型聚氨酯干法共混膜后,共混膜的吸湿性和透湿性显著提高。

在端氨基超支化聚合物与聚氨酯共混膜中,分散均匀的端氨基超支化聚合物分子中含有大量的活性亲水性基团。这些活性基团可以与水以氢键的形式结合从而增加膜对水的吸收率。同时,端氨基超支化聚合物与聚氨酯在共混膜中存在一

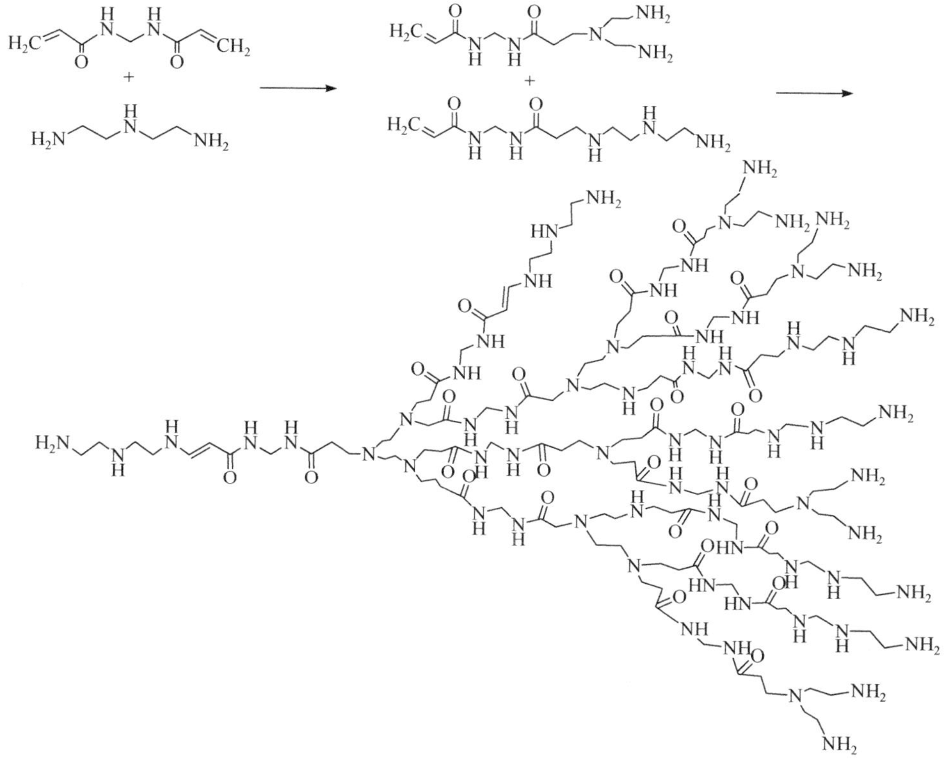

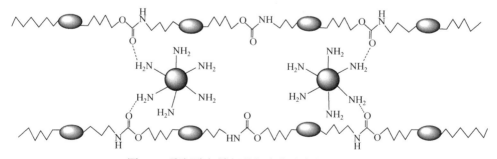

图 5-3　端氨基超支化聚合物合成路线

定的相分离，在共混膜中形成均匀的孔隙，增加了膜内的自由体积，即增加了水分子传输的通道，从而提高了水分子的渗透性以及薄膜的透湿性。图 5-4 和图 5-5 展示了纯 PU 膜和共混膜的透湿机理。

图 5-4　聚氨酯与端氨基超支化聚合物共混机理

　　王娜[19]还利用脂环二异氰酸酯 IPDI 分子中两个异氰酸酯基团反应性不同的原理，用乙醇作为阻断剂阻断了 IPDI 的一个异氰酸酯基团，并保留了另一个异氰酸酯基团(—NCO)，然后对端基超支化聚合物进行封端改性，得到封端改性

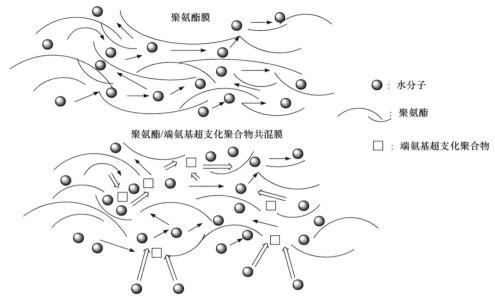

图 5-5　聚氨酯膜及共混膜的透湿机理

超支化聚合物。用端盖改性超支化聚合物和溶剂型聚氨酯共混改性，由于端盖和改性的超支化聚合物分子仍含有氨基，共混膜的染色性能得到了显著提高。具体合成过程如图 5-6 和图 5-7 所示。

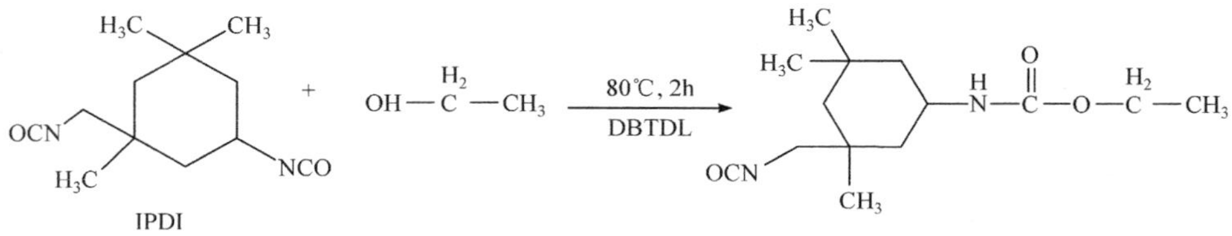

图 5-6　封端 IPDI 的制备示意图

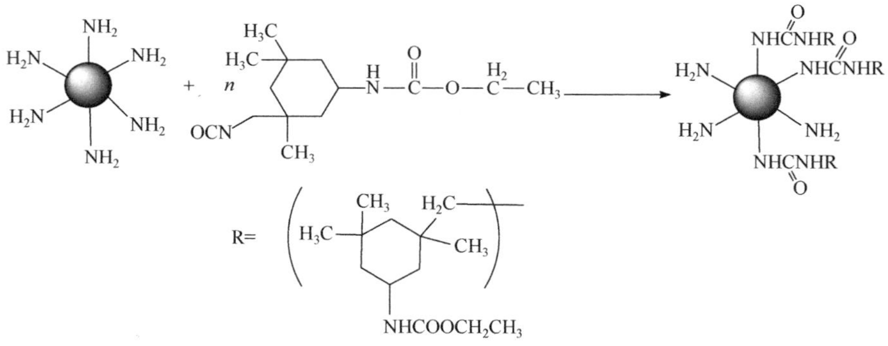

图 5-7　封端超支化聚合物的制备示意图

5.2.2　超支化聚合物对聚氨酯化学改性

化学改性方法是将超支化聚合物引入聚氨酯的合成过程中，利用超支化聚合物独特的高支化、无链缠绕结构，黏度低，不易结晶等特点，改善聚氨酯材料的力学性能、耐水解性、疏水性、反应性、亲水性等。

因优异的不黄变性能，脂肪族聚氨酯材料广泛应用于合成聚氨酯的材料中，如泡沫塑料、弹性体、水性聚氨酯等。然而，与芳香族聚氨酯相比，在相同软段结构和硬段含量下，脂肪族聚氨酯的力学性能较低，特别是由异氟酮二异氰酸酯合成的脂肪族聚氨酯的力学性能较差。

伏芋桥[20]用聚四氢呋喃醚乙二醇和 IPDI 经分步聚合得到端异氰酸酯的聚四氢呋喃醚乙二醇脂肪族聚氨酯预聚体，再与端羟基超支化聚合物反应得到支化型聚氨酯材料，见图 5-8。用端羟基超支化聚合物对聚氨酯进行改性，可有效提高聚

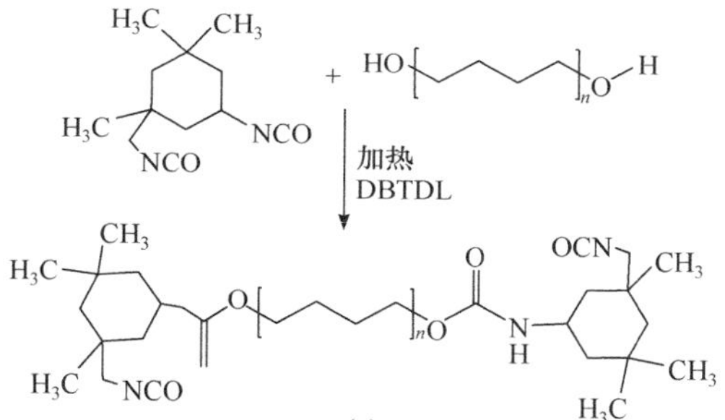

(a)

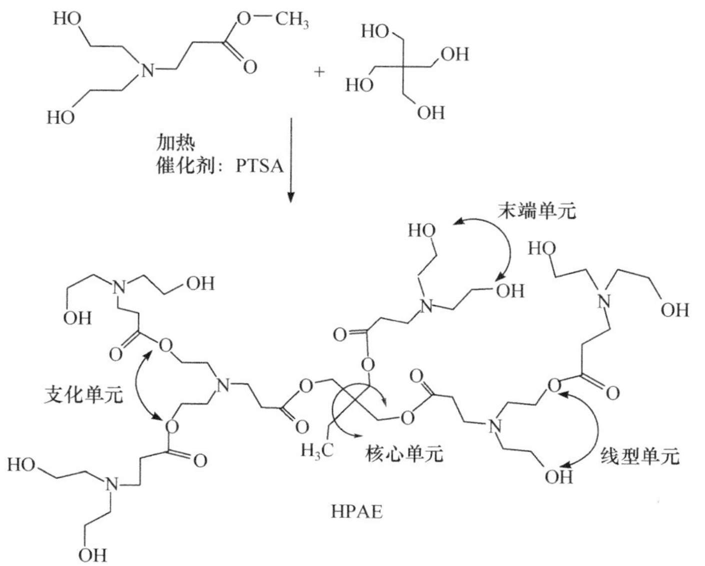

(b)

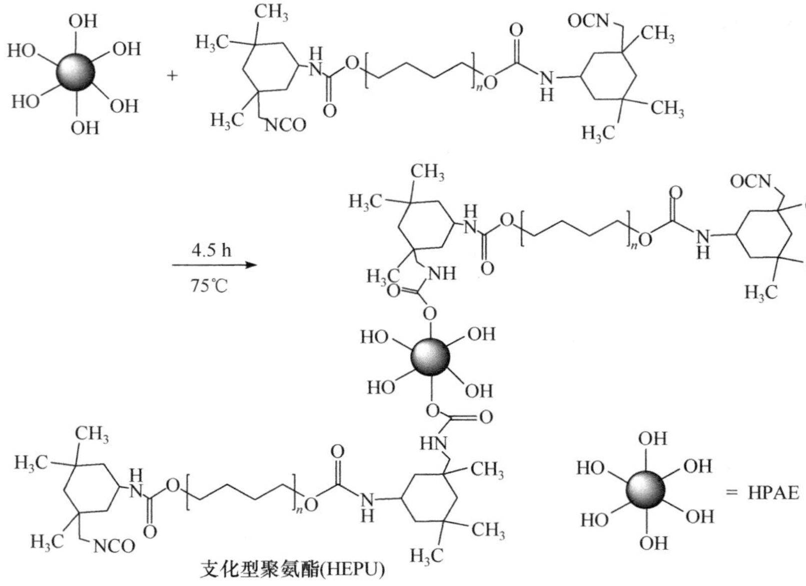

(c)

图 5-8　聚四氢呋喃醚乙二醇和 IPDI 反应得到支化型聚氨酯的合成示意图

氨酯材料的力学性能、耐水解性和透湿性。

　　同时，伏芋桥[20]采用聚碳酸酯二醇和 IPDI 经分步聚合制备端异氰酸酯型聚碳酸酯二醇脂肪族聚氨酯预聚体，再与端羟基超支化聚合物反应，得到另一种支化聚氨酯材料。该材料能有效提高聚氨酯材料的力学性能、透湿性和耐水解性。合成过程如图 5-9 所示。

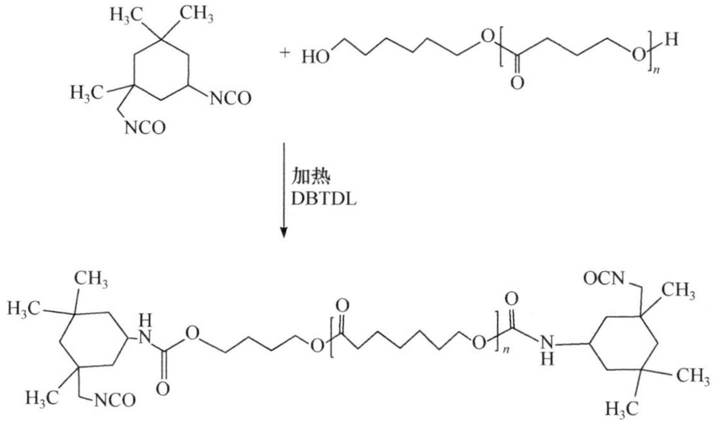

(a)

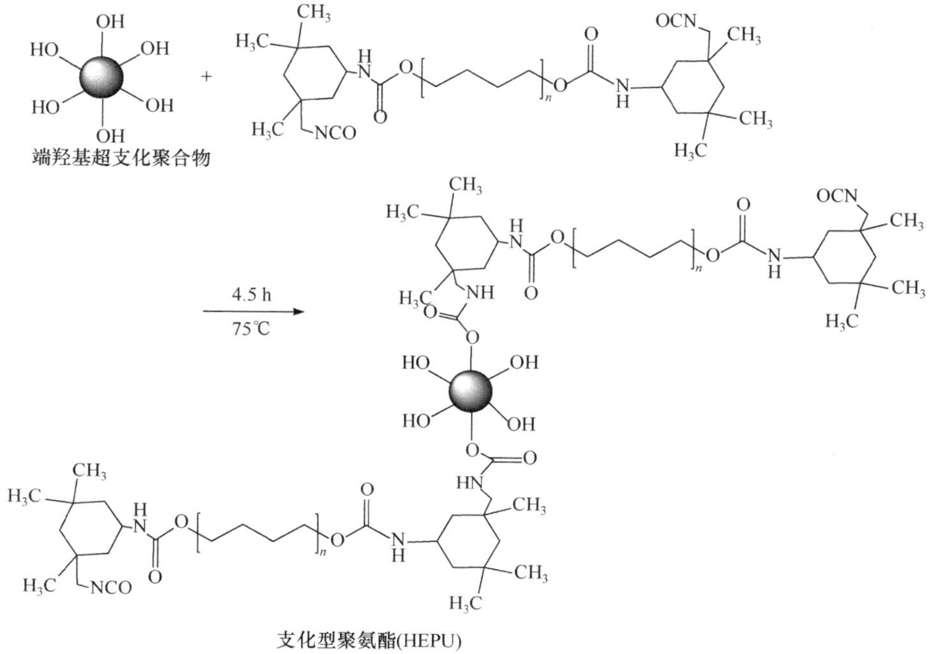

端羟基超支化聚合物

4.5 h
75℃

支化型聚氨酯(HEPU)

(b)

图 5-9　聚碳酸酯二醇与 IPDI 反应得到支化型聚氨酯合成示意图

5.2.3　超支化聚氨酯合成原理

超支化聚氨酯是根据聚氨酯与超支化聚合物的反应原理设计的具有超支化结构的聚氨酯材料。目前,应用最广泛的超支化聚氨酯合成方法是双-单体法和超支化聚合物扩链法。

双-单体法也即 A_2+B_3 法,由于原料容易获得,合成简单,被广泛使用。三种理想的反应条件分别是:①A、B 基团对反应的影响相同;②A、B 单体活性相同,无副反应;③反应过程中无分子内环化和链终止。采用 A_2+B_3 法合成超支化聚氨酯需要防止成胶。

Sundararajan 等[21]先制备了端异氰酸酯 A_2 预聚体,然后以三甲基丙烷为 B_3 单体,采用 A_2+B_3 法制备了超支化聚氨酯。研究发现,其结晶性能随聚乙二醇含量的增加而提高。熔炼焓高达 145.1J·g^{-1},热稳定性可达 300℃。通过反复热循环,保持热可靠性。

超支化聚合物扩链法是将末端含羟基官能团的超支化聚合物与含—NCO 的聚氨酯预聚体反应。超支化聚氨酯的研究取得了很大进展,特别是在合成方法上已经达到了比较简单的阶段。Frechet 等[22]将 3,5-3,5-二苯氧基羧基亚氨基苄基醇溶于四氢呋喃(THF)中,催化剂为二月桂酸二丁基锡(DBTDL),合成了超支化聚氨酯。合成的聚合物不溶于水，除非在反应开始时加入乙醇作为封蔽剂。聚合物的热重、热稳定性和溶解度等因端基基团的不同而不同。Kumar 等[23]用叠氮化合物制备了全芳香族 HBPU。随后，他们用这种方法制备了分支点间含乙氧基段的HBPU。车鹏超等[24]以二异氰酸酯基 MDI(A₂)和三羟基偶氮单体(B₃)为原料，经缩聚反应得到超支化偶氮聚氨酯，性能得到了很好的提高。通过 DSC 分析，制备的超支化偶氮聚氨酯膜为非晶态，玻璃化转变温度为 131℃，热分解温度为 276℃，热稳定性良好。超支化偶氮聚氨酯膜的合成路线如图 5-10 所示。

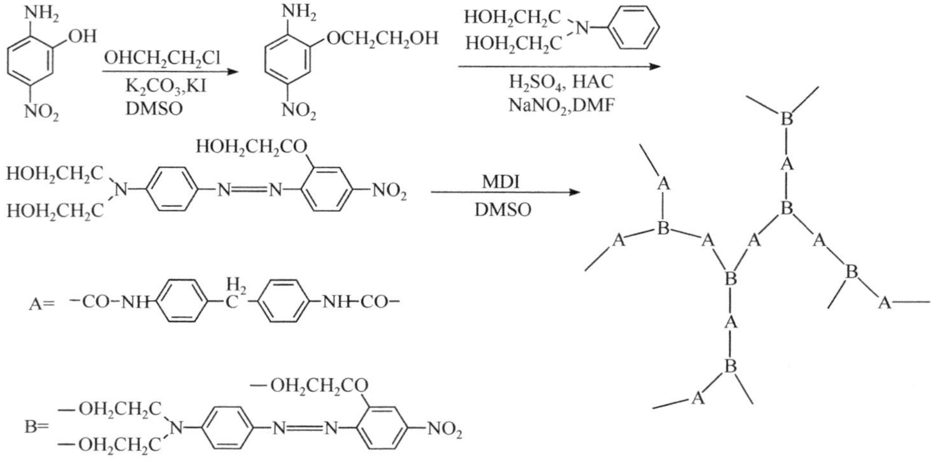

图 5-10　超支化偶氮聚氨酯膜的合成路线

塞勒等[25]用二异氰酸酯(或多异氰酸酯)与三元醇反应得到的超支化聚氨酯，在耐擦划性、柔韧性、耐化学品性等方面有较大的提升。Okrasa 等[26]以超支化聚酯(Boltorn H40)和六亚甲基二异氰酸酯(HDI)为原料制备 HBPU。研究发现，线型聚氨酯的松弛行为在动态松弛过程中占主导地位。

参 考 文 献

[1] AKINDOYO J O, BEG M D, GHAZALI S, et al. Polyurethane types, synthesis and applications, a review[J]. RSC Advances, 2016, 6: 114453-114482.

[2] ETIENNE D, JEAN-PIERRE P, BERNARD B, et al. On the versatility of urethane/urea bonds: Reversibility, blocked isocyanate, and non-isocyanate polyurethane[J]. Chemical Reviews, 2013, 113(1): 80-118.

[3] ZHANG J L, WU D M, YANG D Y. Environmentally friendly composites: preparation, characterization and mechanical properties polyurethane[J]. Polymer, 2010, 18(2): 128-134.

[4] ZHANG F A, YU C L. Application of a silicone-modified acrylic emulsion in two-component waterborne polyurethane coatings[J]. Journal of Coatings Technology & Research, 2007, 4(3): 289-294.

[5] HENGAMEH H. Waterborne polyurethanes: A review[J]. Journal of Dispersion Science and Technology, 2018, 39(4):

507-516.

[6] 程博, 邓燕, 陈松, 等. 水性聚氨酯改性的研究进展[J]. 纺织科学研究, 2018, 1: 68-70.

[7] 张丹丹, 闵钰茹, 黄传峰, 等. 水性聚氨酯改性的研究进展[J]. 安徽化工, 2019, 45(5): 8-10.

[8] 陈广祥, 李金玲, 叶代勇. HDI 三聚体改性水性聚氨酯复合分散体的研究[J]. 涂料工业, 2009, 39(10): 41-45.

[9] HWANG H D, KIM H J. Enhanced thermal and surface properties of waterborne UV-curable polycarbonate-based polyurethane (meth) acrylate dispersion by incorporation of polydimethylsiloxane[J]. Reactive and Functional Polymers, 2011, 71(6): 655-665.

[10] 罗春晖, 瞿金清, 陈焕钦. 水性聚氨酯的交联改性及其性能[J]. 高校化学工程学报, 2009, 23(4): 650-654.

[11] 邵菊美, 陈国强, 史丽颖, 等. 丙烯酸酯共混改性水性聚氨酯的结构与性能[J]. 印染助剂, 2003(4): 23-25.

[12] 张旺旺, 习智华, 樊少宇. 有机硅改性阳离子水性聚氨酯的合成和性能[J]. 印染, 2019, 45(24): 1-7, 11.

[13] 刘信胜, 刘伟区, 石红义, 等. 有机硅丙烯酸酯改性水性聚氨酯的合成与性能[J]. 精细化工, 2019, 36(6): 1241-1248.

[14] 崔淑芹, 王丹, 商士斌, 等. 生物质改性水性聚氨酯的研究进展[J]. 材料导报, 2011, 25(19): 85-89.

[15] LIU X, GU X, SUN J, et al. Preparation and characterization of chitosan derivatives and their application as flame retardants in thermoplastic polyurethane[J]. Carbohydrate Polymers, 2017, 167: 356-363.

[16] 任龙芳, 贺齐齐, 强涛涛, 等. 木质素改性水性聚氨酯胶膜的制备与性能[J]. 高分子材料科学与工程, 2016, 32(10): 143-148.

[17] 董阜豪, 陈莉晶, 郭佳雯, 等. 生物质改性水性聚氨酯的合成及应用研究进展[J]. 林产化学与工业, 2018, 38(5): 1-8.

[18] 康永. 超支化水性聚氨酯的合成及其性能研究[J]. 橡塑技术与装备, 2019, 45(14): 21-25.

[19] 王娜. 超支化聚合物/聚氨酯共混膜的制备及其在超细纤维合成革上的应用研究[D]. 西安: 陕西科技大学, 2015.

[20] 伏芋桥. 基于 HPAE 的超支化聚氨酯的合成、表征及构效相关性研究[D]. 西安: 陕西科技大学, 2013.

[21] SUNDARARAJAN S, SAMUI A B, KULKARNI P S, et al. Synthesis and haracterization of poly(ethylene glycol) (PEG) based hyperbranched polyurethanes as thermal energy torage materials[J]. Thermochimica Acta, 2017, 650: 114-122.

[22] FRECHET J M J, HAWKER C J, GITSOV I, et al. Dendrimers and hyperbranched polymers:Two families of three-dimensional macromolecules with similarbut clearly distinct properties[J]. Journal of Macromolecular Science: Part A—Chemistry, 2006, 33: 1399-1425.

[23] KUMAR A, RANMAKRISHNAN S. Hyperbranched polyurethanes with varying spacer segments between the branching points[J]. 1996, 34(5): 839-848.

[24] 车鹏超, 和亚宁, 王晓工. A$_2$ 和 B$_3$ 型单体缩聚合成超支化偶氮聚氨酯研究[J]. 高分子学报, 2007, 1(1):21-25.

[25] 塞勒 M, 伯恩哈特 S, 施沃兹 M, 等. 超支化聚氨酯及其制备方法和用途[P]. 中国: CN101074278, 2007-11-21.

[26] OKRASA L, ZIGON M, ZAGAR E, et al. Molecular dynamics of linear and hyperbranched polyurethanes and their blends[J]. Journal of Non-Crystalline Solids, 2005, 351(33-36): 2753-2758.

第6章　超支化聚合物在表面活性剂中的应用

6.1　概　　述

　　表面活性剂是在极低浓度下，能显著降低溶剂的表面张力或液-液界面张力，并表现出润湿、乳化或破乳、起泡或消泡、增容等一系列性能的一类物质。表面活性剂的应用历史悠久。在一世纪末，人们用草灰、木炭和动物脂肪制作肥皂。200多年前，通过硫酸盐处理蓖麻油来制造磺化蓖麻油，并将其用于纺织和皮革工业。1917年，德国人工合成了表面活性剂二异丙基萘磺酸钠。20世纪20年代末，烷基硫酸钠和阳离子表面活性剂出现，20世纪40年代初以山梨醇和脂肪酸为原料合成了非离子表面活性剂斯盘(Span)和吐温(Tween)。随着石化工业的发展，表面活性剂在20世纪50年代进入了蓬勃发展的时期。它的应用领域几乎覆盖了各个生活领域，从日化工业到石油、食品、农业、卫生、环境，在改进工艺、降低消耗、节约资源、减少劳动力、增产、增效等方面发挥了很大的作用，取得了良好的经济效益。

　　随着经济和技术的发展，表面活性剂得到了迅速的发展，同时也对表面活性、生物降解性等提出了更高的要求。传统的表面活性剂大多是单疏水链的两亲分子(亲水基团)。由于疏水链之间的缔合与水化膜造成的分离以及离子基团之间的电荷排斥之间的平衡，分子不能在界面或胶束上紧密排列，降低表面张力的能力受到限制。因此，发展高效表面活性剂，必须突破传统表面活性剂的分子结构。近年来，涌现出许多高性能的表面活性剂，如有机硅、有机氟、聚合物表面活性剂和生物表面活性剂等。

　　20世纪80年代，高效表面活性剂的研究取得了一定进展，新型高效表面活性剂不断开发，其中最具代表性的是超支化聚合物表面活性剂。超支化聚合物表面活性剂[1]具有丰富的末端官能团，大部分为—OH、—COOH等亲水性基团。超支化聚合物表面活性剂与传统表面活性剂不同，有多个亲水(亲油性)基团，分子内部存在空洞，随着生成量的增加，其结构趋于球形。同时，超支化聚合物具有的多端基团，可以根据要求对端基进行修饰，这使得超支化聚合物表面活性剂比传统表面活性剂更加多样化。在油田破乳、药物释放、染料和纳米分子分散等诸多领域有很大的应用前景，受到国内外科研人员的重视。超支化聚合物表面活性剂不同于线型表面活性剂，有一个亲水性的核和大量的线型疏水臂。分子尺寸更大，在适当的条件下可以形成单分子胶束，还可以形成多分子复合胶束、囊泡、大复合囊泡和其他分子聚集体。多分子复合胶束往往可以组装成不同亲/疏水性的胶束，具有很强的乳化能力。因此，超支化聚合物表面活性剂相比线型表面活性剂具有更大的优势，越来越受到人们的重视。

6.1.1　表面活性剂的结构

表面活性剂分子一般由一个非极性亲油性(疏水性)基团和一个极性亲水性(疏油性)基团组成，它们分布在分子的两端，形成对称的结构。因此，表面活性剂分子是一种两亲分子，具有亲油性和亲水性的"两亲性"。典型的表面活性剂"两亲分子"结构示意图见图 6-1。图 6-1(a)、(b)所示两种表面活性剂的亲油性基团都是十二烷基，而亲水性基团不同：一个是—SO_4^-，另一个是(—OC_2H_4)$_6OH$。这种结构使分子具有一部分溶于水而另一部分脱离水的双重性质。因此，这类"两亲分子"在水体系(包括表面和界面)中相对于水介质会采取一种独特的取向排列。这种情况发生在表面活性剂溶液体系中，表现为两个重要性质：溶液表面的吸附和溶液内部胶束的形成。

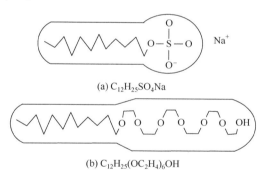

(a) $C_{12}H_{25}SO_4Na$

(b) $C_{12}H_{25}(OC_2H_4)_6OH$

图 6-1　表面活性剂"两亲分子"结构示意图

简而言之，表面活性剂分子具有亲水亲油"两亲"结构，其形状类似"火柴棒"。

在纯水中，水分子通过氢键形成一定的结构(但不像冰晶那样完整)。当表面活性剂溶解在水中时，水中的一些氢键结构会发生重排，亲脂烃链会被一种新形成的结构包围，即所谓的"冰山结构"。在这个系统中，如果出现碳氢链相互聚合、结合的现象，"冰山结构"会被破坏。该过程是熵增加的过程。系统由相对有序变为相对无序，但过程的焓变化不大，反应容易发生(自发过程)。从这个角度看，该过程的本质主要是熵的增加，所以常被称为"熵驱动"过程。在水溶液中，非极性基团(如烃类链)紧密结合，即所谓的疏水效应或疏水作用。

由于疏水作用，在水溶液中表面活性剂的非极性基团之间具有显著的吸引作用，即疏水性基团。疏水的含义是指在水中时，非极性基团本身相互关联，表现出脱离水介质的热力学现象。

　　具有非极性疏水作用的表面活性剂分子往往会产生脱离水分子包围的趋势，彼此很容易互相聚集，靠近在一起，使表面活性剂分子吸附表面的水溶液并形成胶束(图 6-2)。因此，可以说表面活性剂分子中非极性基团的疏水作用导致了表面活性剂在表面的吸附，在溶液中形成胶束。

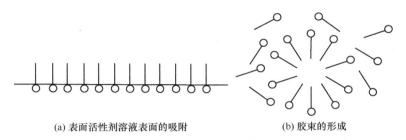

(a) 表面活性剂溶液表面的吸附　　　　　　　(b) 胶束的形成

图 6-2　表面活性剂溶液表面的吸附和胶束的形成

　　表面活性剂亲水端向水，亲油端向空气，其浓度的上升会使分子聚集在表面，这样，空气和水的接触面减小，表面张力急剧下降，与此同时，水中的表面活性剂也聚集在一起，排列成憎水基向里、亲水基向外的胶束。表面活性剂浓度进一步增加，水溶液表面聚集了足够多的表面活性剂分子，无间隙地布满在水溶液表面上，形成单分子膜。此时，空气和水处于完全隔绝状态，表面张力趋于平缓。

6.1.2　表面活性剂的分类

　　根据具体要求和应用，表面活性剂有时需要具有不同的亲水性和亲油性结构及相对密度。通过改变亲水性或亲油性基团的类型以及在分子结构中的含量和位置，可以达到理想的亲水性平衡。经过多年的研究，已经衍生出上千种表面活性剂，选择和确定品种变得困难。因此，有必要对其进行科学分类，促进表面活性剂的筛选和应用，以及新品种的进一步研究和生产。

　　表面活性剂有很多种分类方法。按疏水基团，分为线型、支链型、芳香族和含氟长链型；按亲水性基团，可分为羧酸盐型、硫酸盐型、季铵盐型、PEO 衍生物型、内酯型等；按分子组成的离子性，分为离子型、非离子型等。另外，也可以根据其水溶性、化学结构和原料来源进行分类。

　　接受度比较高的是按化学结构来分类。即当表面活性剂溶解在水中时，根据是否产生离子来分类。此时分为离子表面活性剂和非离子表面活性剂。离子表面活性剂根据离子的性质又可分为阴离子表面活性剂、阳离子表面活性剂和两性表面活性剂。

6.1.3　表面活性剂的性能

由于特殊的结构，表面活性剂可以实现许多特殊的性能。例如，表面活性剂一般具有润湿或防黏、乳化或破乳、发泡或消泡、增容、分散、洗涤、防腐、抗静电等一系列物理化学作用及相应的实际应用性能。因此，表面活性剂已成为一种灵活多变的精细化工产品。除了在日常生活中用作清洁剂外，其应用几乎可以覆盖所有精细化工领域。

1) 润湿效果

表面活性剂的使用可以控制液体和固体之间的润湿程度。在农药工业中，一些用于喷洒的颗粒和粉末也含有一定量的表面活性剂。目的是改善药物在植物表面的黏附和沉积现象及在水分存在下的有效成分，降低释放速度和扩大面积，提高防病效果。

在化妆品行业，表面活性剂作为乳化剂，是护肤产品如乳霜、乳液、洁面乳等中不可缺少的成分。

2) 乳化作用

表面活性剂分子中的亲水亲油基团对油或水具有全面的亲和力，可在油/水界面形成膜，降低其表面张力。由于表面活性剂的存在，形成的非极性疏水性带电油滴可以增加膜的表面积和表面能。由于极性和表面能的影响，带电油滴吸收反离子或极性水分子，在水中形成胶体双电层，从而防止油滴之间的碰撞，使油滴能在水中稳定存在很长一段时间。

3) 发泡、消泡效果

表面活性剂也广泛应用于制药工业。在药剂品中，挥发油溶性纤维素、类固醇激素和不溶性药物可形成透明溶液，并通过表面活性剂的增容作用提高浓度。表面活性剂是药剂制备过程中不可缺少的乳化剂和润湿剂、悬浮剂、发泡剂、消泡剂。

4) 助悬效果

在农药工业中，可湿性粉剂、乳化剂和浓缩乳剂都需要一定量的表面活性剂。例如，可湿性粉剂中的原始药物大多是有机化合物，是疏水性的，只有在表面活性剂存在的情况下，水的表面才能被还原。在张力下，药物颗粒可被水润湿以形成水悬浮液。

5) 消毒、灭菌

表面活性剂在制药工业中可作为杀菌剂和消毒剂。表面活性剂杀菌和消毒主要是通过与细菌生物膜蛋白的强烈相互作用而使其变性或失去功能。可用于术前皮肤消毒、伤口或黏膜消毒、器械消毒、环境消毒等。

6) 耐硬水性

甜菜碱表面活性剂对钙、镁离子表现出良好的稳定性，即其自身拥有良好的对钙、镁等硬离子的耐性和对钙皂的分散性，可以防止钙皂在使用过程中沉淀，从而提高使用效果。

7) 黏度和泡沫增加

表面活性剂具有改变溶液体系、增加体系黏度和增稠或增加体系泡沫的作用，广泛应用于特殊的清洗行业和采矿行业。

8) 洗涤功能

油脂和污垢的去除是一个比较复杂的过程，这与上述的润湿及发泡效果有关。

最后，需要指出的是，表面活性剂的作用在许多情况下是多种因素的综合作用。例如，在造纸工业中可作为蒸煮剂、废纸脱墨剂、施胶剂、树脂阻隔剂、消泡剂、软化剂、抗静电剂、阻垢剂、软化剂、脱脂剂、杀菌灭藻类剂、缓蚀剂等。

表面活性剂作为性能添加剂用于许多化学品的制备，如个人和家庭护理化学品，并被应用于金属加工、工业清洗、油脂提取中。

6.2　超支化聚合物表面活性剂的性能及合成

6.2.1　超支化聚合物的表面活性

端羟基超支化聚合物(HPAE-H)和端羧基超支化聚合物(HPAE-C)的合成工艺如下。

1) AB$_2$单体的合成工艺

将 0.1mol 二乙醇胺(DEA)和 10mL 甲醇加入 250mL 的三颈烧瓶中。室温搅拌至二乙醇胺完全溶解后，慢慢滴加 0.2mol 丙烯酸甲酯(MA)。完成后，升温至 35℃，反应保持 4h，然后抽真空去除甲醇和过量的丙烯酸甲酯，生成甲基 N, N-二羟乙基-3-氨基丙酸。合成过程如图 6-3 所示。

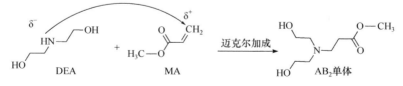

图 6-3　AB$_2$单体的合成过程

2) HPAE-H 的合成工艺

采用"有核一步法"，根据超支化聚合物的代数来控制单体与中心核的物质的量的比，并一次性进行反应。在三颈烧瓶中加入一定量的三甲基丙烷和适量的对甲苯磺酸，加热至 110～120℃，开始搅拌，滴加 N, N-二羟乙基-3-氨基丙酸甲酯，在 120℃反应 3h，转移至旋转蒸发器，真空–0.08MPa、100℃去除未反应单体，直到没有气泡从系统中吹出，最后用乙醚洗涤，得到一种黄色黏性液体。第一代端羟基超支化聚合物的合成过程如图 6-4 所示。

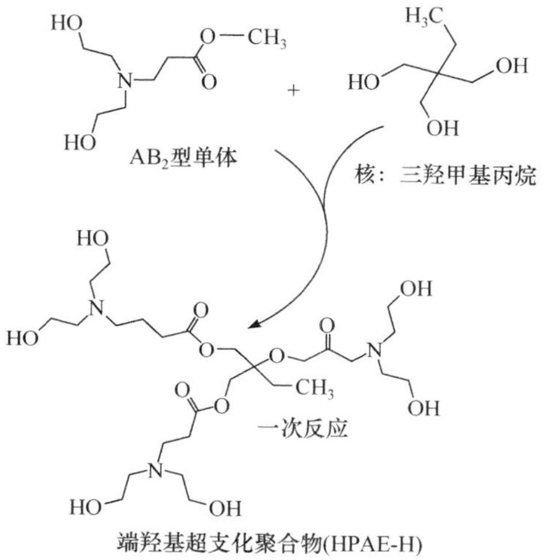

端羟基超支化聚合物(HPAE-H)

图 6-4　第一代端羟基超支化聚合物的合成过程

3）HPAE-C 的合成工艺

根据酯化反应理论，在蒸馏瓶中加入 0.1mol HPAE-H、0.66mol 马来酸酐和适量对甲苯磺酸，加热至 80℃，保持反应 4h，真空–0.08MPa、130℃去除未反应物，当体系中没有气泡时，会得到一种黄色的黏性液体。通过测定各反应产物的酸值来表征反应的程度。第一代端羧基超支化聚合物的合成过程如图 6-5 所示。

超支化聚合物具有的高官能度，使其具有良好的溶解性，可溶于水、醇、N, N-二甲基甲酰胺、N, N-二甲基乙酰胺等极性溶剂中。HPAE-H 分子还含有亲油性和亲水性基团，因此具有良好的表面活性。HPAE-H 分子与传统表面活性剂相比具有许多独特的优势，特别是具有大量的表面活性剂反应基团或官能团可通过分子修饰与分子表面的特定官能团接枝。不同浓度第三代端羟基超支化聚合物水溶液的表面张力如图 6-6 所示。从图中可以看出，第三代端羟基超支化聚合物具有良好的表面活性。当加入少量第三代端羟基超支化聚合物时，水的表面张力会明显下降，并且随着添加量的增加，表面张力会下降。这是因为这类表面活性剂分子与传统的表面活性剂分子相似，也由亲水基团和亲油基团两部分组成。亲水基团是内部的含氧基团和外部的羟基，亲油基团是内部的烃链。

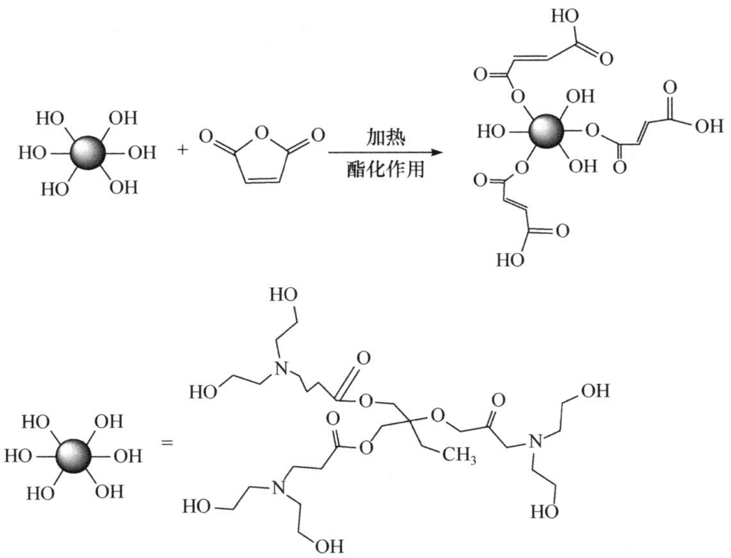

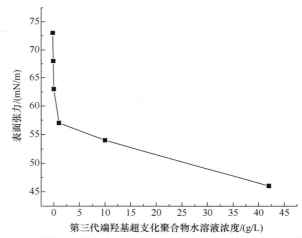

图 6-5　第一代端羧基超支化聚合物的合成过程

图 6-6　不同浓度第三代端羟基超支化聚合物水溶液的表面张力

　　不同浓度 HPAE-C 水溶液的表面张力如图 6-7 所示。从图中可以看出，HPAE-C 的表面活性一般，表面张力的变化趋势与浓度变化相反。当添加少量超支化聚合物时，水溶液的表面张力快速降低，随着添加量的增加，表面张力降低速度变缓。这是因为这类表面活性剂分子与传统的表面活性剂分子相似，也由亲水性基团和亲油性基团两部分组成。亲水基团是内部的含氧基团和外部的羟基和羧基、亲油基团是内部烃链。

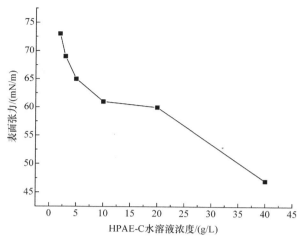

图 6-7 不同浓度 HPAE-C 水溶液的表面张力

6.2.2 超支化聚合物表面活性剂的合成

与传统表面活性剂相比，超支化聚合物表面活性剂优点突出，特别是在单分子胶束的形成、分散能力、多样性和纳米胶囊的形成等方面。目前，超支化聚合物表面活性剂在许多领域取得了良好的应用效果，如药物释放、单分子纳米胶囊和染料分散等领域。

张国国[2]以丁二酸酐和二乙醇胺为原料合成了 AB$_2$ 单体。合成路线如图 6-8所示。然后通过三甲基丙烷与 AB$_2$ 单体反应合成不同代数的端羟基超支化聚合物，第二代超支化聚合物的合成路线如图 6-9 所示。

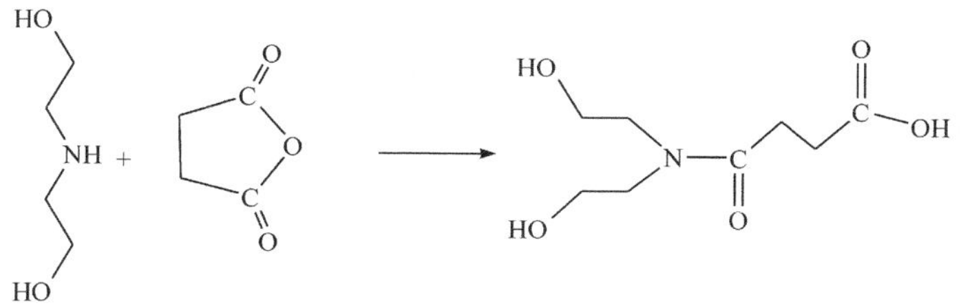

图 6-8 AB$_2$ 单体的合成路线

另外，考察了合成条件包括反应时间、反应温度和催化剂用量对产物结构的影响。结果表明，当反应温度控制在 120℃，反应时间为 8h，催化剂用量为3%(以 AB$_2$ 单体质量为基准)，将三甲基丙烷与 AB$_2$ 单体物质的量的比调整为1∶3、1∶9、1∶21、1∶45 时，可得到相应的 1~4 代端羟基超支化聚合物。

以第三代端羟基超支化聚合物为研究对象，用辛酰氯、月桂酰氯和棕榈酰氯对其进行修饰，得到两亲性超支化聚合物。其中以辛烷烃改性超支化聚合物为例合成了两亲性超支化聚合物(HBP-C8)。具体合成路线如图 6-10 所示。

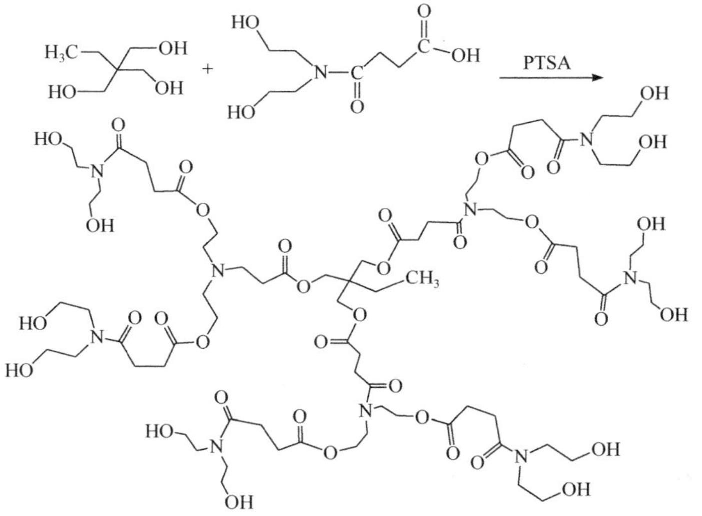

图 6-9　第二代超支化聚合物的合成路线

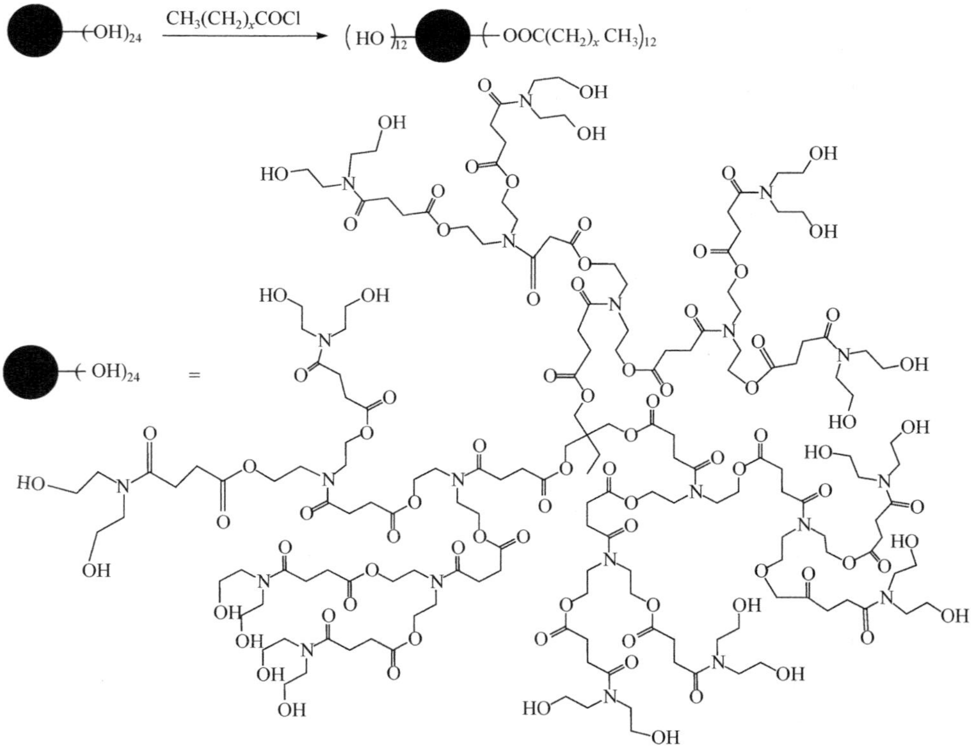

图 6-10　HBP-C8 的合成路线

　　对合成的超支化聚合物表面活性剂进行一系列表征分析。结果表明，所得产物具有良好的表面活性，能有效降低水的表面张力，呈现单分子胶束；具有较低的临界胶束浓度，可以以较低的浓度封装亲水小分子。

　　用棕榈酰氯对不同代端羟基超支化聚合物进行修饰，得到了亲水核疏水壳的两亲性超支化聚合物。以 HBP₂ 被棕榈酰氯化为例，具体合成路线如图 6-11 所示。合成条件为：在冰浴中，采用混合溶剂(氯仿与吡啶体积比为 1 : 1)，所得产物接枝率达 95%以上。

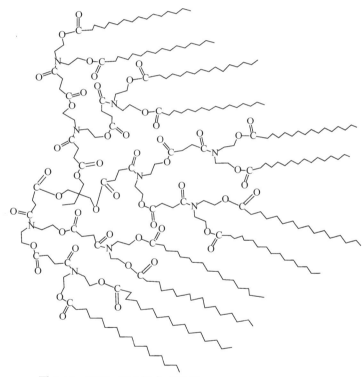

图 6-11　HBP₂-C16 的合成路线

　　利用核磁共振(¹H-NMR、¹³C-NMR)、红外光谱和凝胶渗透色谱法(GPC)对产物的分子结构、分子量和分子量分布进行了表征。结果表明，产物的分子结构与预期的分子结构一致；分子量随支化度的增加而增大；相应的分子量分布较宽。

　　采用差示扫描量热分析(DSC)和热重分析(TGA)研究了产物的玻璃化转变温度和热稳定性。结果表明，亲水性内核的尺寸对产品的玻璃化转变温度和热稳定性有显著影响。

　　李新苗[3]通过对端羟基超支化聚合物(HAPE)进行端基改性，分别合成一种烷基磺酸盐超支化聚合物表面活性剂(SHBP)和一种烷基芳基磺酸盐超支化聚合物表面活性剂(AAS-HBP)。HPAE 的合成路线如图 6-12 所示。

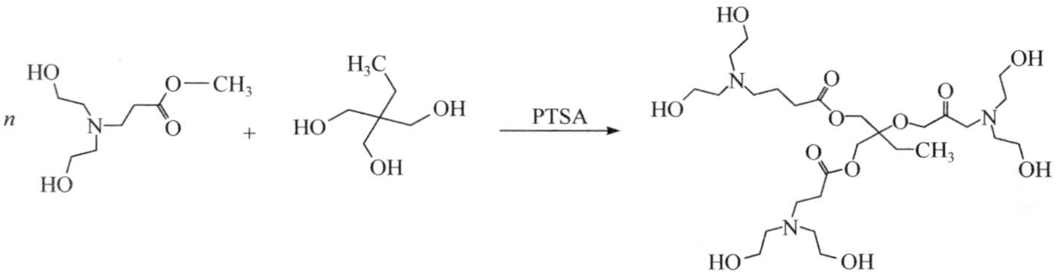

图 6-12　HPAE 的合成路线

　　HPAE 合成后，与十一烯酸酯化得到超支化聚酯(HBPE)，再进行磺化得到 SHBP，合成路线如图 6-13 所示。

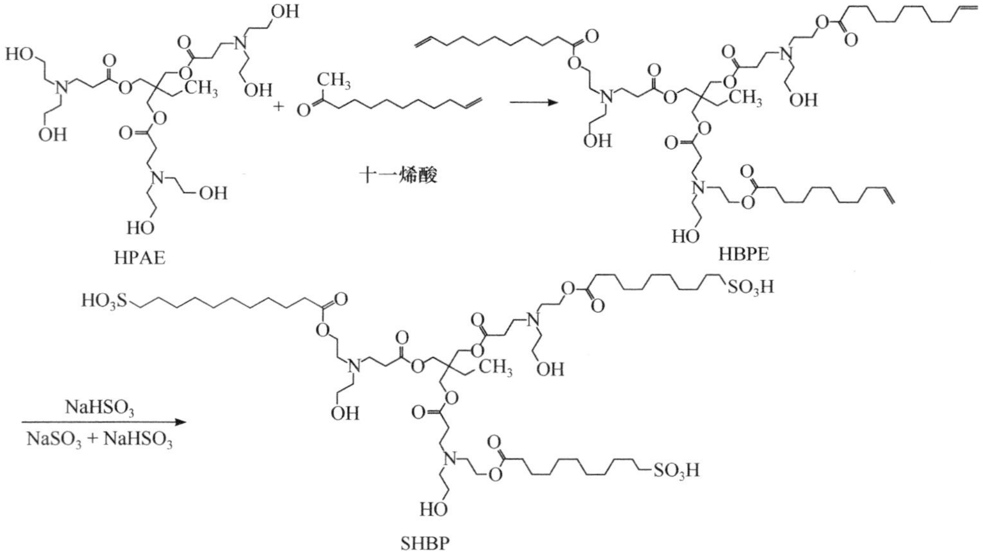

图 6-13　SHBP 的合成路线

　　通过对 HPAE 进行酰化再酯化，得到了 AAS-HBP，合成路线如图 6-14 所示。

　　SHBP 和 AAS-HBP 的表面化学性能、乳化性质和对无机盐的耐受性的研究结果表明，与传统的烷基芳基磺酸盐表面活性剂相比，SHBP 和 AAS-HBP 的临界胶束浓度(CMC)更低，降低水表面张力的能力更强；磺酸超支化表面活性剂 SHBP 兼具阴离子和非离子表面活性剂的性质，有一定的抗盐性；AAS-HBP 的乳化能力略强于 SHBP，对石蜡的乳化能力优于传统表面活性剂十二烷基苯磺酸钠；25℃

下，浓度为 5mmol/L 的 SHBP 对 NaCl、MgCl$_2$、CaCl$_2$ 的耐受性分别为 150g/L、65g/L、40g/L；浓度为 5mmol/L 的 AAS-HBP 对 NaCl、MgCl$_2$、CaCl$_2$ 的耐受性分别为 110g/L、85g/L、8g/L。

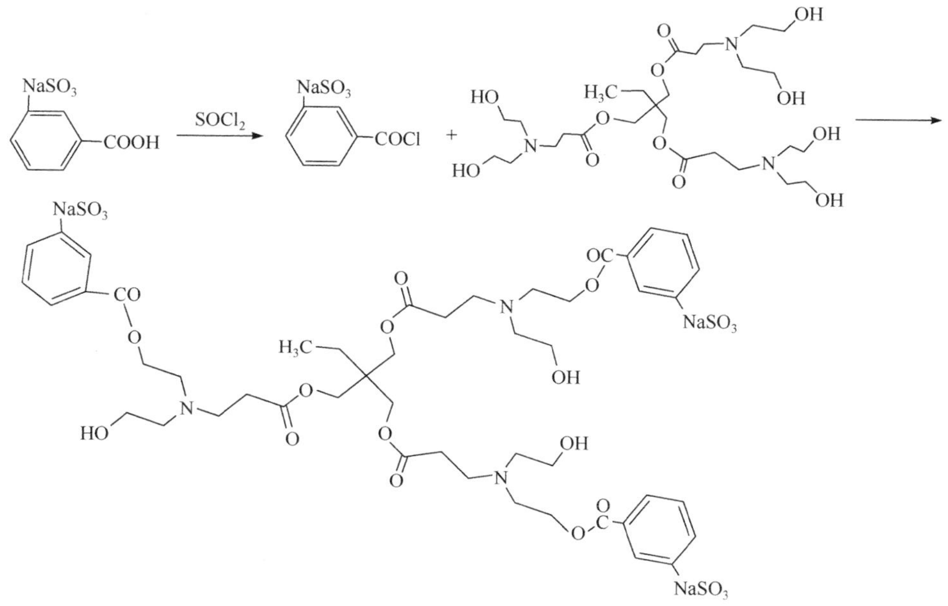

图 6-14 AAS-HBP 的合成路线

此外，还使用磺化超支化表面活性剂去油。通过静态脱油实验，考察了不同油洗剂对模拟油砂的洗油效率。大量室内试验表明，为了达到高效、快速分离的目的，多种油洗剂的组合比单组分油洗剂效果更好。不同洗油剂的洗油效率见表 6-1。

表 6-1 不同洗油剂的洗油效率

编号	洗油剂组成	浓度	洗油效率/%
1	SHBP	0.15%	86.3
2	AAS-HBP	0.15%	84.9
3	SHBP+石油磺酸盐	6%+4%	90.1
4	AAS-HBP+石油磺酸盐	6%+4%	89.8
5	SHBP+石油磺酸盐+Na$_2$CO$_3$	0.09%+0.06%+2%	92.6
6	AAS-HBP+石油磺酸盐+Na$_2$CO$_3$	0.09%+0.06%+2%	93.1

可以看出，SHBP 和 AAS-HBP 对模拟油砂的洗油效果较好。SHBP 的洗油效

率为 86.3%，AAS-HBP+石油磺酸盐+Na₂CO₃的洗油效率可达 93.1%。

以三甲基丙烷为核，黄兆丰[4]通过丙烯酸甲酯和二乙醇胺的迈克尔加成反应合成 AB₂ 型单体，采用"有核一步法"合成了端羟基超支化聚合物，并利用油酸的疏水性，进行基团接枝改性，合成了一系列具有不同亲水性和疏水性的超支化线型聚合物表面活性剂。端羟基超支化聚合物与上述方法一致。用油酸和羟基超支化聚合物制备高支线型聚合物表面活性剂的方法如图 6-15 所示。

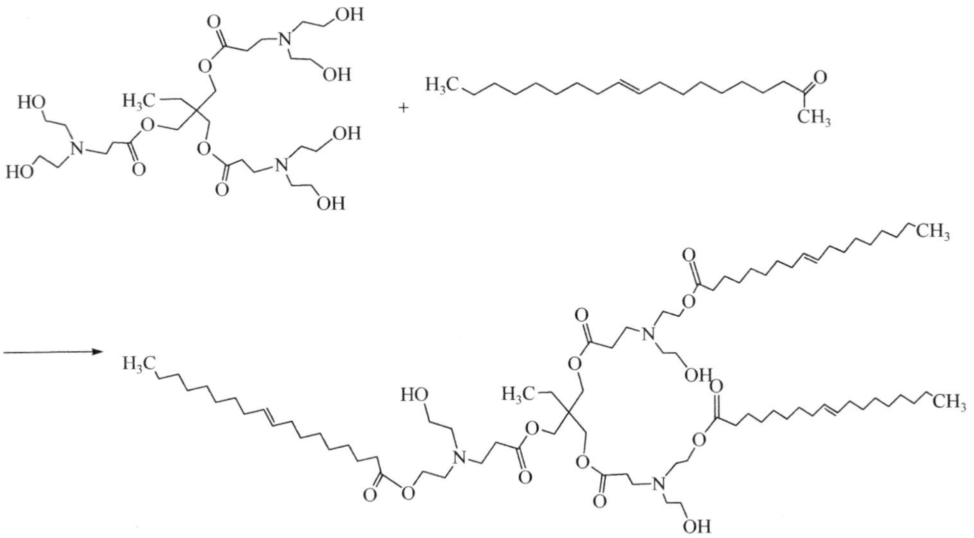

图 6-15　超支化线型聚合物表面活性剂合成路线图

黄兆丰[4]将制备的高支线型聚合物表面活性剂应用于皮革加脂剂中，并对其性能进行了评估。结果表明，无论是单独加脂还是复合加脂，选择合适的亲水亲油平衡点，才能达到预期的效果。

参 考 文 献

[1] 强涛涛. 超支化聚合物的制备及其对超细纤维合成革卫生性能的影响[D]. 西安: 陕西科技大学, 2010.

[2] 张国国. 两亲性超支化聚合物的制备及溶液性质[D]. 西安: 陕西科技大学, 2013.

[3] 李新苗. 磺酸型超支化 SA 的制备、表征及在驱油中的应用[D]. 西安: 陕西科技大学, 2013.

[4] 黄兆丰. 超支化–线性聚合物表面活性剂的合成、表征及其应用[D]. 西安: 陕西科技大学, 2013.